含情多致——门窗

苏州园林园境系列

曹林娣◎主编

向净◎著

中国电力出版社
CHINA ELECTRIC POWER PRESS

内容提要

《苏州园林园境系列》是多方位地挖掘苏州园林文化内涵，并对园林及具体装饰构件进行文化阐释的专门性著作。苏州园林中的门窗形式多样、造型优美，兼具实用性和装饰性，既丰富了建筑空间层次，又增加了建筑立面变化，蕴含于其中的文化意义更悦人心志。本册分为洞门（月亮门）、洞门（多边形洞门）、窗棂、景窗（无芯景窗）、景窗（有芯景窗）、洞门景窗制作工艺六章，前五章均以图案的基本类型编排。

图书在版编目（CIP）数据

苏州园林园境系列．含情多致：门窗 / 向净著；曹林娣主编．—北京：中国电力出版社，2022.1

ISBN 978-7-5198-6057-8

Ⅰ．①苏… Ⅱ．①向… ②曹… Ⅲ．①古典园林—园林艺术—苏州 ②古典园林—门—苏州 ③古典园林—窗—苏州 Ⅳ．① TU986.625.33

中国版本图书馆 CIP 数据核字（2021）第 202172 号

出版发行：中国电力出版社
地　　址：北京市东城区北京站西街 19 号（邮政编码 100005）
网　　址：http://www.cepp.sgcc.com.cn
责任编辑：曹　巍（010-63412609）
责任校对：黄　蓓　郝军燕
书籍设计：锋尚设计
责任印制：杨晓东

印　　刷：北京瑞禾彩色印刷有限公司
版　　次：2022 年 1 月第一版
印　　次：2022 年 1 月北京第一次印刷
开　　本：787 毫米 ×1092 毫米　16 开本
印　　张：13
字　　数：267 千字
定　　价：68.00 元

苏州园林

含情多致——门窗

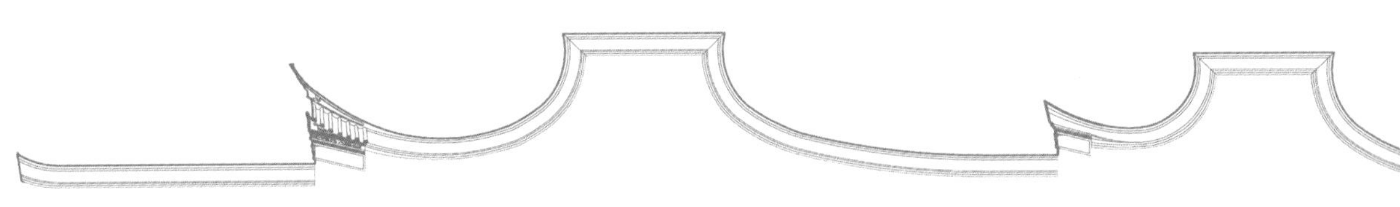

目录

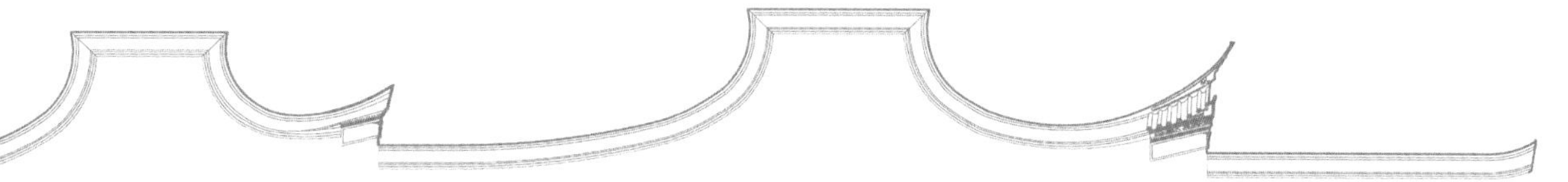

总序

——世界艺术瑰宝 中华文化经典

《苏州园林园境》系列，是多方位地挖掘苏州园林文化内涵，并对园林及具体装饰构件进行文化阐释的专业性著作。首先要厘清的基本概念是何谓“园林”。《佛罗伦萨宪章》[1]用词源学的术语来表达“历史园林”的定义是：园林“就是‘天堂’，并且也是一种文化、一种风格、一个时代的见证，而且常常还是具有创造力的艺术家独创性的见证”。明确地说：园林是人们心目中的“天堂”；园林也是艺术家创作的艺术作品。

但是，诚如法国史学家兼文艺批评家伊波利特·丹纳（Hippolyte Taine，1828—1893）在《艺术哲学》中所言，文艺作品是“自然界的结构留在民族精神上的印记”。世界各民族心中构想的“天堂”各不相同，相比构成世界造园史中三大动力的古希腊、西亚和中国[2]来说：古希腊和西亚属于游牧和商业文化，是西方文明之源，实际上都溯源于古埃及。位于“热带大陆”的古埃及，国土面积的96%是沙漠，唯有尼罗河像一条细细的绿色缎带，所以，古埃及人有与生俱来的“绿洲情结”。尼罗河泛滥水退之后丈量耕地、兴修水利以及计算仓廪容积等的需要，促进

① 国际古迹遗址理事会与国际历史园林委员会于1981年5月21日在佛罗伦萨召开会议，决定起草一份将以该城市命名的历史园林保护宪章即《佛罗伦萨宪章》，并由国际古迹遗址理事会于1982年12月15日登记作为涉及有关具体领域的《威尼斯宪章》的附件。

② 1954年在维也纳召开世界造园联合会（IFLA）会议，英国造园学家杰利科（G. A. Jellicoe）致辞说：世界造园史中三大动力是古希腊、西亚和中国。

了几何学的发展。古希腊继承了古埃及的几何学。哲学家柏拉图曾悬书门外："不通几何学者勿入。"因此，"几何美"成为西亚和西方园林的基本美学特色；基于植物资源的"内不足"，胡夫金字塔和雅典卫城的石构建筑，成为石质文明的代表；"政教合一"的西亚和欧洲，神权高于或制约着皇权，教堂成为最美丽的建筑，而"神体美"成为建筑柱式美的标准……

中国文化主要属于农耕文化，中国陆地面积位居世界第三：黄河流域的粟作农业成为春秋战国时期齐鲁文化即儒家文化的物质基础，质朴、现实；长江流域的稻作农业成为楚文化即道家文化的物质基础，飘逸、浪漫。①

我国的"园林"，不同于当今宽泛的"园林"概念，当然也不同于英、美各国的园林观念（Garden、Park、Landscape Garden）。

科学家钱学森先生说："园林毕竟首先是一门艺术……园林是中国的传统，一种独有的艺术。园林不是建筑的附属物……国外没有中国的园林艺术，仅仅是建筑物上附加一些花、草、喷泉就称为'园林'了。外国的 Landscape（景观）、Gardening（园技）、Horticulture（园艺）三个词，都不是'园林'的相对字眼，我们不能把外国的东西与中国的'园林'混在一起……中国的'园林'是他们这三个方面的综合，而且是经过扬弃，达到更高一级的艺术产物。"②

中国艺术史专家高居翰（James Cahill）等在《不朽的林泉·中国古代园林绘画》（*Garden Paintings in Old China*）一书中也说："一座园林就像一方壶中天地，园中的一切似乎都可以与外界无关，园林内外仿佛使用着两套时间，园中一日，世上千年。就此意义而言，园林便是建造在人间的仙境。"③

孟兆祯院士称园林是中国文化"四绝"之一，是特殊的文化载体，它们既具有形的物质构筑要素，诸如山、水、建筑、植物等，作为艺术，又是传统文化的历史结晶，其核心是社会意识形态，是民族的"精神产品"。

苏州园林是在咫尺之内再造乾坤设计思想的典范，"其艺术、自然与哲理的完美结合，创造出了惊人的美和宁静的和谐"，九座园林相继被列入了世界文化遗产名录。

苏州园林创造的生活境域，具有诗的精神涵养、画的美境陶冶，同时渗透着生态意识，组成中国人的诗意人生，构成高雅浪漫的东方情调，体现了罗素称美的"东方智慧"，无疑是世界艺术瑰宝、中华高雅文化的经典。经典，积淀着中华民族最深沉的精神追求，包含着中华民族最根本的精神基因，代表着中华民族独特的精神标识，正是中华文化独特魅力之所在！也正是民族得以延续的精神血脉。

但是，就如陈从周先生所说："苏州园林艺术，能看懂就不容易，是经过几代人的琢磨，又有很深厚的文化，我们现代的建筑

① 蔡丽新主编，曹林娣著：《苏州园林文化》《江苏地方文化名片丛书》，南京：南京大学出版社，2015年，第1–2页。

② 钱学森：《园林艺术是我国创立的独特艺术部门》，选自《城市规划》1984年第1期，系作者1983年10月29日在第一期市长研究班上讲课的内容的一部分，经合肥市副市长、园林专家吴翼根据录音整理成文字稿。

③ 高居翰，黄晓，刘珊珊：《不朽的林泉·中国古代园林绘画》，生活·读书·新知三联书店，2012年，第44页。

师们是学不会，也造不出了。”阮仪三认为，不经过时间的洗磨、文化的熏陶，单凭急功近利、附庸风雅的心态，“造园子想一气呵成是出不了精品的”。[①]

基于此，为了深度阐扬苏州园林的文化美，几年来，我们沉潜其中，试图将其如实地和深入地印入自己的心里，来“移己之情”，再将这些“流过心灵的诗情”放射出去，希望以“移人之情”。

我们竭力以中国传统文化的宏通视野，对苏州园林中的每一个细小的艺术构件进行精细的文化艺术解读，同时揭示含蕴其中的美学精髓。诚如宗白华先生在《美学散步》中所说的：

> 美对于你的心，你的“美感”是客观的对象和存在。你如果要进一步认识她，你可以分析她的结构、形象、组成的各部分，得出“谐和”的规律、“节奏”的规律、表现的内容、丰富的启示，而不必顾到你自己的心的活动，你越能忘掉自我，忘掉你自己的情绪波动、思维起伏，你就越能够“漱涤万物，牢笼百态”（柳宗元语），你就会像一面镜子，像托尔斯泰那样，照见了一个世界，丰富了自己，也丰富了文化。[②]

本系列名《苏州园林园境》，这个“境”指的是境界，是园景之“形”与园景之“意”相交融的一种艺术境界，呈现出来的是情景交融、虚实相生、活跃着生命律动的韵味无穷的诗意空间，人们能于有形之景兴无限之情，反过来又生不尽之景，迷离难分。“景境”有别于渊源于西方的“景观”，“景观”一词最早出现在希伯来文的《圣经》旧约全书中，含义等同于汉语的“风景”“景致”“景色”，等同于英语的“scenery”，是指一定区域呈现的景象，即视觉效果。

苏州园林是典型的文人园，诗文兴情以构园，是清代张潮《幽梦影・论山水》中所说的“地上之文章”，是为情而构的文人主题园。情能生文，亦能生景，园林中沉淀着深刻的思想，不是用山水、建筑、植物拼凑起来的形式美构图！

《苏州园林园境》系列由七本书组成：

《听香深处——魅力》一书，犹系列开篇，全书八章，首先从滋育苏州园林的大吴胜壤、风华千年的历史，全面展示苏州园林这一文化经典锻铸的历程，犹如打开一幅中华文明的历史画卷；接着从园林反映的人格理想、摄生智慧、心灵滋养、艺术品格诸方面着笔，多方面揭示了苏州园林作为中华文化经典、世界艺术瑰宝的价值；又从苏州园林到今天的园林苏州，说明苏州园林文化艺术在当今建设美丽中华中的勃勃生命力；最后一章的余韵流芳，写苏州园

① 阮仪三：《江南古典私家园林》，南京：译林出版社，2012年，第267页。

② 宗白华：《美学散步（彩图本）》，上海：上海人民出版社，2015年，第17页。

林已经走出国门，成为中华文化使者，惊艳欧洲、植根日本，并落户北美，成为异国他乡的永恒贵宾，从而展示了苏州园林的文化魅力所在。

《景境构成——品题》一书，诠释园林显性的文学体裁——匾额、摩崖和楹联，并一一展示实景照，介绍书家书法特点，使人们在诗境的涵养中，感受到“诗意栖居”的魅力！品题内容涉及社会历史、人文及形、色、情、感、时、节、味、声、影等，品题词句大多是从古代诗文名句中撷来的精英，或从风景美中提炼出来的神韵，典雅、含蓄，立意深邃、情调高雅。它们是园林景境的说明书，也是园主心灵的独白；透露了造园设景的文学渊源，将园景作了美的升华，是园林风景的一种诗化，也是中华文化的缩影。徜徉园中，识者能从园里的境界中揣摩玩味，从中获得中国古典诗文的醇香厚味。

《含情多致——门窗》《透风漏月——花窗》[①]《吟花席地——铺地》《木上风华——木雕》《凝固诗画——塑雕》五书，收集了苏州园林门窗（包括花窗）、铺地、脊塑墙饰、石雕、裙板雕梁等艺术构建上美轮美奂的装饰图案，进行文化解读。这些图案，一一附丽于建筑物上，有的原为建筑物件，随着结构功能的退化，逐渐演化为纯装饰性构件，建筑装饰不仅赋予建筑以美的外表，更赋予建筑以美的灵魂。康德在《判断力批判》“第一四节”中说：

> 在绘画、雕刻和一切造型艺术里，在建筑和庭园艺术里，就它们是美的艺术来说，本质的东西是图案设计，只有它才不是单纯地满足感官，而是通过它的形式来使人愉快，所以只有它才是审美趣味的最基本的根源。[②]

古人云：言不尽意，立象以尽意。符号使用有时要比语言思维更重要。这些图案无一不是中华文化符码，因此，不仅将精美的图案展示给读者，而且对这些文化符码一一进行“解码”，即挖掘隐含其中的文化意义和形成这些文化意义的缘由。这些文化符号，是中华民族古老的记忆符号和特殊的民族语言，具有丰富的内涵和外延，在一定意义上可以说是中华民族的心态化石。书中图案来自苏州最经典园林的精华，我们对苏州经典园林都进行了地毯式的收集并筛选，适当增加苏州小园林中比较有特色的图案，可以代表中国文人园装饰图案的精华。

由以上文化符号，组成人化、情境化了的“物境”，生动直观，且与人们朝夕相伴，不仅“养目”，而且通过文化的“视觉传承”以“养心”，使人在赏心悦目的艺境陶冶中，培养情操，涤胸洗襟，精神境界得以升华。

① “花窗”应该是“门窗”的一个类型，但因为苏州园林“花窗”众多，仅仅沧浪亭一园就有108式，为了方便在实际应用中参考，故将“花窗”从“门窗”中分出，另为一书。

② 转引自朱光潜：《西方美学史》下卷，北京：人民文学出版社，1964年版，第18页。

意境隽永的苏州园林展现了中华风雅的生活境域和生存智慧，也彰显了中华文化对尊礼崇德、修身养性的不懈追求。

苏州园林一园之内，楼无同式，山不同构、池不重样，布局旷如、奥如，柳暗花明，处处给人以审美惊奇，加上举目所见的美的画面和异彩纷呈的建筑小品和装饰图案，有效地避免了审美疲劳。

朱光潜先生说过："心理印着美的意象，常受美的意象浸润，自然也可以少存些浊念……一切美的事物都有不令人俗的功效。"[1]

诚如台湾学者贺陈词在黄长美《中国庭院与文人思想》的序中指出的，"中国文化是唯一把庭园作为生活的一部分的文化，唯一把庭园作为培育人文情操、表现美学价值、含蕴宇宙观人生观的文化，也就是中国文化延续四千多年于不坠的基本精神，完全在庭园上表露无遗。"[2]

苏州园林是融文学、戏剧、哲学、绘画、书法、雕刻、建筑、山水、植物配植等艺术于一炉的艺术宫殿，作为中华文化的综合艺术载体，可以挖掘和解读的东西很多，本书难免挂一漏万，错误和不当之处，还望识者予以指正。

曹林娣

辛丑桐月于苏州南林苑寓所

① 朱光潜：《把心磨成一面镜：朱光潜谈美与不完美》，北京：中国轻工业出版社，2017年版，第185页。

② 黄长美：《中国庭院与文人思想》序，台北：明文书局，1985年版，第3页。

序一

中华文化的『博物志』

世界遗产委员会评价苏州园林是在咫尺之内再造乾坤设计思想的典范，“其艺术、自然与哲理的完美结合，创造出了惊人的美和宁静的和谐”，而精雕细琢的建筑装饰图案正是创造“惊人的美”的重要组成部分。

中国建筑装饰复杂而精微，在世界上是无与伦比的。早在商周时期我国就有了砖瓦的烧制；春秋时建筑就有“山节藻棁”；秦有花砖和四象瓦当；汉画像砖石、瓦当图文并茂，还出现带龙首兽头的栏杆；魏晋建筑装饰兼容了佛教艺术内容；刚劲富丽的隋唐装饰更具夺人风采；宋代装饰与建筑有机结合；明清建筑装饰风格沉雄深远；清代中叶以后西洋建材应用日多，但装饰思想大多向传统皈依，纹饰趋向繁缛琐碎，但更细腻。

本系列涉及的苏州园林建筑装饰，既包括木装修的内外檐装饰，也包括从属于建筑的带有装饰性的园林细部处理及小型的点缀物等建筑小品，主要包括：精细雅丽的苏式木雕，有浮雕、镂空雕、立体圆雕、锼空雕刻、镂空贴花、浅雕等各种表现形式，饰以古拙、幽雅的山水、花卉、人物、书法等雕刻图案；以绮、妍、精、绝称誉于世的砖雕，有平面雕、浮雕、透空雕和立体形多层次雕等；石雕，分直线凿雕、花式平面线雕、阳雕、阴雕、浮雕、深雕、透雕等类；脊饰，诸如龙吻脊、鱼龙脊、哺龙脊、哺鸡脊、纹头脊、甘蔗脊等，以及垂脊上的祥禽、瑞兽、仙卉，绚丽多姿；被称为“凝固的舞蹈”“凝固的诗句”的堆塑、雕塑等，展现三维空间形象艺术；变化多端、异彩纷呈的花窗；“吟花席地，醉月铺毡”的铺地；各式洞门、景窗，可以产生“触景生奇，含情多致，轻纱环碧，弱柳窥青”艺术效果的门扇窗棂等。这些凝固在建筑上的辉煌，足可使苏州香山帮的智慧结晶彪炳史册。

园林的建筑装饰主要呈现出的是一种图案美，这种图案美是一种工艺美，是科技美的对象化。它首先对欣赏者产生视觉冲击力。梁思成先生说：

> 然而艺术之始，雕塑为先。盖在先民穴居野处之时，必先凿石为器，以谋生存；其后既有居室，乃作绘事，故雕塑之术，实始于石器时代，艺术之最古者也。[①]

1930 年，他在东北大学演讲时曾不无遗憾地说，我国的雕塑艺术，“著名学者如日本之大村西崖、常盘大定、关野贞，法国之伯希和（Paul Pelliot）、沙畹（Édouard Émmdnnuel Chavannes），瑞典之喜龙仁（Prof Osrald Sirén），俱有著述，供我南车。而国人之著述反无一足道者，能无有愧?”[②]

叶圣陶先生在《苏州园林》一文中也说：

> 苏州园林里的门和窗，图案设计和雕镂琢磨工夫都是工艺美术的上品。大致说来，那些门和窗尽量工细而决不庸俗，即使简朴而别具匠心。四扇，八扇，十二扇，综合起来看，谁都要赞叹这是高度的图案美。

苏州园林装饰图案，更是一种艺术符号，是一种特殊的民族语言，具有丰富的内涵和外延，催人遐思、耐人涵咏，诚如清人所言，一幅画，“与其令人爱，不如使人思”。苏州园林的建筑装饰图案题材涉及天地自然、祥禽瑞兽、花卉果木、人物、文字、古器物，以及大量的吉祥组合图案，既反映了民俗精华，又映射出士大夫文化的儒雅之气。“建筑装饰图案是自然崇拜、图腾崇拜、祖先崇拜、神话意识等和社会意识的混合物。建筑装饰的品类、图案、色彩等反映了大众心态和法权观念，也反映了民族的哲学、文学、宗教信仰、艺术审美观念、风土人情等，它既是我们可以感知的物化的知识力量构成的物态文化层，又属于精神创造领域的文化现象。中国古典园林建筑上的装饰图案，密度最高，文化容量最大，因此，园林建筑成为中华民族古老的记忆符号最集中的信息载体，在一定意义上可以说是中华民族的‘心态化石’。”[③] 苏州园林的建筑装饰图案不啻一部中华文化“博物志”。

① 梁思成:《中国雕塑史》，天津：百花文艺出版社，1998 年，第 1 页。

② 同上，第 1–2 页。

③ 曹林娣:《中国园林文化》，北京：中国建筑工业出版社，2005 年，第 203 页。

美国著名人类学家 L. A. 怀德说“全部人类行为由符号的使用所组成，或依赖于符号的使用”[①]，才使得文化（文明）有可能永存不朽。符号表现活动是人类智力活动的开端。从人类学、考古学的观点来看，象征思维是现代心灵的最大特征，而现代心灵是在距今五万年到四十万年之间的漫长过程中形成的。象征思维能力是比喻和模拟思考的基础，也是懂得运用符号，进而发展成语言的条件。“一个符号，可以是任意一种偶然生成的事物（一般都是以语言形态出现的事物），即一种可以通过某种不言而喻的或约定俗成的传统或通过某种语言的法则去标示某种与它不同的另外的事物。”[②]也就是雅各布森所说的通过可以直接感受到的“指符”（能指），可以推知和理解“被指”（所指）。苏州园林装饰图案的“指符”是容易被感知的，但博大精深的“被指”，却留在了古人的内心，需要我们去解读，去揭示。

一

苏州园林建筑的装饰符号，保留着人类最古老的文化记忆。原始人类“把它周围的实在感觉成神秘的实在：在这种实在中的一切不是受规律的支配，而是受神秘的联系和互渗律的支配”。[③]

早期的原始宗教文化符号，如出现在岩画、陶纹上的象征性符号，往往可以溯源于巫术礼仪，中国本信巫，巫术活动是远古时代重要的文化活动。动物的装饰雕刻，源于狩猎巫术的特殊实践。旧石器时代的雕刻美术中，表现动物的占到全部雕刻的五分之四。发现于内蒙古乌拉特中旗的“猎鹿”岩画，“是人类历史上最早的巫术与美术的联袂演出”[④]。世界上最古老的岩画是连云港星图岩画，画中有天圆地方观念的形象表示；“蟾蜍驮鬼”星象岩画是我国最早的道教“阴阳鱼”的原型和阴阳学在古代地域规划上的运用。

甘肃成县天井山麓鱼窍峡摩崖上刻有汉灵帝建宁四年（171年）的《五瑞图》，是我国现存最早的石刻吉祥图。

吴越地区陶塑纹饰多为方格宽带纹、弧线纹、绳纹和篮纹、波浪纹等，尤其是弧线纹和波浪纹，更可看出是对天（云）和地（水）崇拜的结果。而良渚文化中的双目锥形足和鱼鳍形足的陶鼎，不但是夹砂陶中的代表性器具，也是吴越地区渔猎习俗带来的对动物（鱼）崇拜的美术表现。[⑤]

海岱地区的大汶口—山东龙山文化，虽也有自己的彩绘风格和彩陶器，但这一带史前先民似乎更喜欢用陶器的造型来表达自己的审美情趣和崇拜习俗。呈现鸟羽尾状的带把器，罐、瓶、壶、

① [美] L. A. 怀德：《文化科学》，曹锦清，等译，杭州：浙江人民出版社，1988 年，第 21 页。

② [美] 艾恩斯特 · 纳盖尔：《符号学和科学》，选自蒋孔阳主编《二十世纪西方美学名著选》（下），上海：复旦大学出版社，1988 年，第 52 页。

③ [法] 列维 · 布留尔：《原始思维》，北京：商务印书馆 1981 年，第 238 页。

④ 左汉中：《中国民间美术造型》，长沙：湖南美术出版社，1992 年，第 70 页。

⑤ 姜彬：《吴越民间信仰民俗》，上海：上海文艺出版社，1992 年，第 472–473 页。

盖之上鸟喙状的附纽或把手，栩栩如生的鸟形鬶和风靡一个时代的鹰头鼎足，都有助于说明史前海岱之民对鸟的崇拜。[①]

鸟纹经过一段时期的发展，变成大圆圈纹，形象模拟太阳，可称之为拟日纹。象征中国文化的太极阴阳图案，根据考古发现，它的原形并非鱼形，而是"太阳鸟"鸟纹的大圆圈纹演变而来的符号。

彩陶中的几何纹诸如各种曲线、直线、水纹、漩涡纹、锯齿纹等，都可看作是从动物、植物、自然物以及编织物中异化出来的纹样。如菱形对角斜形图案是鱼头的变化，黑白相间菱形十字纹、对向三角燕尾纹是鱼身的变化（序一图 1）等。几何形纹还有颠倒的三角形组合、曲折纹、"个"字形纹、梯形锯齿形纹、圆点纹或点、线等极为单纯的几何形象。

"中国彩陶纹样是从写实动物形象逐渐演变为抽象符号的，是由再现（模拟）到表现（抽象化），由写实到符号，由内容到形式的积淀过程。"[②]

序一图 1　双鱼形（仰韶文化）

符号最初的灵感来源于生活的启示，求生和繁衍是原始人类最基本的生活要求，于是，基于这类功利目的的自然崇拜的原始符号，诸如天地日月星辰、动物植物、生殖崇拜、语音崇拜等，虽然原始宗教观念早已淡漠，但依然栩栩如生地存在于园林装饰符号之中，就成为符号"所指"的内容范畴。

"这种崇拜的对象常系琐屑的无生物，信者以为其物有不可思议的灵力，可由以获得吉利或避去灾祸，因而加以虔敬。"[③]

《礼记·明堂位》称，山罍为夏后氏之尊，《礼记·正义》谓罍为云雷，画山云之形以为之。三代铜器最多见之"雷纹"始于此。[④] 如卍字纹、祥云纹、冰雪纹、拟日纹，乃至压火的鸱吻、厌胜钱、方胜等，在苏州园林中触目皆是，都反映了人们安居保平安的心理。

古人创造某种符号，往往立足于"自我"来观照万物，用内心的理想视象审美观进行创造，它们只是一种审美的心象造型，并不在乎某种造型是否合乎逻辑或真实与准确，只要能反映出人们的理解和人们的希望即可，如四灵中的龙、凤、麟等。

龟鹤崇拜，就是万物有灵的原始宗教和神话意识、灵物崇拜

① 王震中：《应该怎样研究上古的神话与历史——评〈诸神的起源〉》，《历史研究》，1988 年，第 2 期。

② 陈兆复，邢琏：《原始艺术史》，上海：上海人民出版社，1998 年版，第 191 页。

③ 林惠祥：《文化人类学》，北京：商务印书馆，1991 年版，第 236 页。

④ 梁思成：《中国雕塑史》，天津：百花文艺出版社，1998 年版，第 1 页。

和社会意识的混合物。龟，古代为“四灵”之一，相传龟者，上隆象天，下平象地，它左睛象日，右睛象月，知存亡吉凶之忧。龟的神圣性由于在宋后遭异化，在苏州园林中出现不多，但龟的灵异、长寿等吉祥含义依然有着强烈的诱惑力，园林中还是有大量的等六边形组成的龟背纹铺地、龟锦纹花窗（序一图2）等建筑小品。鹤在中华文化意识领域中，有神话传说之美、吉利象征之美。它形迹不凡，“朝戏于芝田，夕饮乎瑶池”，常与神仙为俦，王子乔曾乘白鹤驻缑氏山头（道家）。丁令威化鹤归来。鹤标格奇俊，唳声清亮，有“鹤千年，龟万年”之说。松鹤长寿图案成为园林建筑装饰的永恒主题之一。

序一图2 龟锦纹窗饰（留园）

人类对自身的崇拜比较晚，最突出的是对人类的生殖崇拜和语音崇拜。生殖崇拜是园林装饰图案的永恒母题。恩格斯说过：“根据唯物主义的观点，历史中的决定因素，归根结底是直接生活的生产和再生产。但是，生产本身又有两种。一方面是生产资料即食物、衣服、住房以及为此所必需的工具的生产；另一方面是人类自身的生产，即种的繁衍。”①

普列哈诺夫也说过：“氏族的全部力量，全部生活能力，决定于它的成员的数目”，闻一多也说：“在原始人类的观念里，结婚是人生第一大事，而传种是结婚的唯一目的。”②

生殖崇拜最初表现为崇拜妇女，古史传说中女娲最初并非抟土造人，而是用自己的身躯“化生万物”，仰韶文化后期，男性生殖崇拜渐趋占据主导地位。苏州园林装饰图案中，源于爱情与生命繁衍主题的艺术符号丰富绚丽，象征生命礼赞的阴阳组合图案随处可见：象征阳性的图案有穿莲之鱼、采蜜之蜂、鸟、蝴蝶、狮子、猴子等，象征阴性的有蛙、兔子、荷莲（花）、梅花、牡丹、石榴、葫芦、瓜、绣球等，阴阳组合成的鱼穿莲、鸟站莲、蝶恋花、榴开百子、猴吃桃、松鼠吃葡萄（序一图3）、瓜瓞绵绵、狮子滚绣球、喜鹊登梅、龙凤呈祥、凤穿牡丹、丹凤朝阳等，都有一种创造生命的暗示。

语音本是人类与生俱来的本能，但原始先民却将语音神圣化，看成天赐之物，是神造之物，产生了语音拜物教。③于是，被视为上帝对人类训词的“九畴”和“五福”等都被看作是神圣的、万能的，可以赐福降魔。早在上古时代，就产生了属于咒语性质的歌谣，园林装饰图案大量运用谐音祈福的符号都烙有原始人类语音崇拜的胎记，寄寓的是人们对福（蝙蝠、佛手）、禄（鹿、鱼）

①［德］恩格斯《家庭、私有制和国家的起源》第一版序言，见《马克思恩格斯选集》第4卷第2页。

②《闻一多全集》第1卷《说鱼》。

③ 曹林娣：《静读园林·第四编·谐音祈福吉祥画》，北京：北京大学出版社，2006年，第255-260页。

序一图 3 松鼠吃葡萄（耦园）

寿（兽）、金玉满堂（金桂、玉兰）、善（扇）及连（莲）生贵子等愿望。

植物的灵性不像动物那样显著，因此，植物神灵崇拜远不如动物神灵崇拜那样丰富而深入人心。但是，植物也是原始人类观察采集的主要对象及赖以生存的食物来源。植物也被万物有灵的光环笼罩着，仅《山海经》中就有圣木、建木、扶木、若木、朱木、白木、服常木、灵寿木、甘华树、珠树、文玉树、不死树等二十余种，这些灵木仙卉，“珠玕之树皆丛生，华实皆有滋味，食之皆不老不死”。[①] 灵芝又名三秀，清陈淏子《花镜·灵芝》还认为，灵芝是“禀山川灵异而生”，“一年三花，食之令人长生”。松柏、万年青之类四季常青、寿命极长的树木也被称为“神木”。这类灵木仙卉就成为后世园林装饰植物类图案的主要题材。东山春在楼门楼平地浮雕的吉祥图案是灵芝（仙品，古传说食之可保长生不老，甚至入仙）、牡丹（富贵花，为繁荣昌盛、幸福和平的象征）、石榴（多子，古人以多子为多福）、蝙蝠（福气）、佛手（福气）、菊花（吉祥与长寿）等。

神话也是园林图案发生源之一，神话是文化的镜子，是发现人类深层意识活动的媒介，某一时代的新思潮，常常会给神话加上一件新外套。“经过神话，人类逐步迈向了人写的历史之中，神话是民族远古的梦和文化的根；而这个梦是在古代的现实环境中的真实上建立起来的，并不是那种‘懒洋洋地睡在棕榈树下白日见鬼、白昼做梦’（胡适语）的虚幻和飘缈。”[②] 神话作为一种原始意象，“是同一类型的无数经验的心理残迹”“每一个原始意象中都有着人类精神和人类命运的一块碎片，都有着在我们祖先的历史中重复了无数次的欢乐和悲哀的残余，并且总的来说，始终遵循着同样的路线。它就像心理中的一道深深开凿过的河床，生命之流（可以）在这条河床中突然涌成一条大江，而不是像先前那样在宽阔而清浅的溪流中向前漫淌”。[③] 作为一种民族集体无意识的产物，它通过文化积淀的形式传承下去，传承的过程中，有些神话被仙化或被互相嫁接，这是一种集体改编甚至再创造。今天我们在园林装饰图案中见到的大众喜闻乐见的故事，有不少属于此类。如麻姑献寿、八仙过海、八仙庆寿、天官赐福、三星高照、牛郎织女、天女散花、和合二仙（序一图 4）、嫦娥奔月、刘海戏金蟾等，这些神话依然跃动着原初的魅力。所以，列维·斯特劳斯说：“艺

①《列子》第 5《汤问》。

② 王孝廉：《中国的神话世界》，北京：作家出版社，1991 年版，第 6 页。

③［瑞典］荣格：《心理学与文学》，冯川，苏克译．生活·读书·新知三联书店，1987 年版。

线条的刚柔、方圆、曲直和疏密、倚正的组合，以及留白的变化等，都体现出一种古朴的艺术美。[①]

园林建筑的瓦当、门楼雕刻、铺地上都离不开汉字装饰。如大量的“寿”字瓦当、滴水、铺地、花窗，还有囍字纹花窗、各体书条石、摩崖、砖额等。

中国是诗的国家，诗文、小说、戏剧灿烂辉煌，苏州园林中的雕刻往往与文学直接融为一体，园林梁柱、门窗裙板上大量雕刻着山水诗、山水图，以及小说戏文故事。

诗句往往是整幅雕刻画面思想的精警之笔，画龙点睛，犹如“诗眼”。苏州网师园大厅前有乾隆时期的砖刻门楼，号“江南第一门楼”，中间刻有“藻耀高翔”四字。出自《文心雕龙》，藻，水草之总称，象征美丽的文采，文采飞扬，标志着国家的祥瑞。东山“春在楼”是“香山帮”建筑雕刻的代表作，门楼前曲尺形照墙上嵌有“鸿禧”砖刻，“鸿”通“洪”，即大，“鸿禧”犹言洪福，出自《宋史・乐志十四》卷一三九：“鸿禧累福，骈赉翕臻。”诸事如愿完美，好事接踵而至，福气多多。门楼朝外一面砖雕“天锡纯嘏”，取《诗经・鲁颂・閟宫》：“天锡公纯嘏，眉寿保鲁”，为颂祷鲁僖公之词，意谓天赐僖公大福，“纯嘏”犹大福。《诗经・小雅・宾之初筵》有“锡尔纯嘏，子孙其湛”之句，意即天赐你大福，延及子孙。门楼朝外的一面砖额为“聿修厥德”，取《诗经・大雅・文王》：“无念尔祖，聿修厥德。永言配命，自求多福。”言不可不修德以永配天命，自求多福。退思园九曲回廊上的“清风明月不须一钱买”的九孔花窗组合成的诗窗，直接将景物诗化，更是脍炙人口。

苏州园林雕饰所用的戏文人物，常常以传统的著名剧本为蓝本，经匠师们的提炼、加工刻画而成。取材于《三国演义》《西游记》《红楼梦》《西厢记》《说岳全传》等最常见。如春在楼前楼包头梁三个平面的黄杨木雕，刻有“桃园结义”“三顾茅庐”“赤壁之战”“定军山”“走麦城”“三国归晋”等三十四出《三国演义》戏文（序一图 7），恰似连环图书。同里耕乐堂裙板上刻有《红楼梦》金陵十二钗等，拙政园秫香馆裙板上刻有《西厢记》戏文等。这些传统戏文雕刻图案，补充或扩充了建筑物的艺术意境，渲染了一种文学艺术氛围，雕饰的戏文人物故事会使人产生戏曲艺术的联想，使园林建筑陶融在文学中。

雕刻装饰图案，不仅能够营造浓厚的文学氛围，加强景境主题，并且能激发游人的想象力，获得景外之景、象外之象。如耦园“山水间”落地罩为大型雕刻，刻有“岁寒三友”图案，松、竹、梅交错成文，寓意坚贞的友谊，在此与高山流水知音的主题意境相融合，分外谐美。

铺地使阶庭脱尘俗之气，拙政园“玉壶冰”前庭院铺地用的是冰雪纹，给人以晶莹高洁之感，打造冷艳幽香的境界，并与馆内冰裂格扇花纹以及题额丝丝入扣；网师园“潭西渔隐”庭院铺

① 郭谦夫，丁涛，诸葛铠：《中国纹样辞典》，天津：天津教育出版社，1998 年，第 293、294 页。

序一图 7　赵子龙单骑救主（春在楼）

序一图 8　海棠铺地（拙政园）

地为渔网纹，与“网师”相恰。海棠春坞的满庭海棠花纹铺地（序一图 8），令人如处海棠花丛之中，即使在凛冽的寒冬，也会唤起海棠花开烂漫的春意。在莲花铺地的庭院中，踩着一朵朵莲花，似乎有步步生莲的圣洁之感；满院的芝花，也足可涤俗洗心。

中国是文化大一统之民族，“如言艺术、绘画、音乐，亦莫不有其一共同最高之境界。而此境界，即是一人生境界。艺术人生化，亦即人生艺术化”[①]。苏州园林集中了士大夫的文化艺术体系，

① 钱穆：《宋代理学三书随劄·附录》，生活·读书·新知三联书店，2002 年版，第 125 页。

文人本着孔子“游于艺”的教诲，由此滥觞，琴、棋、书、画，无不作为一种教育手段而为文人们所必修，在“游于艺”的同时去完成净化心灵的功业，这样，诗、书、画美学精神相融通，非兼能不足以称“文人”，儒、道两家都着力于人的精神提升，一切技艺都可以借以为修习，兼能多艺成为文人传统者在世界上独一无二。“书画琴棋诗酒花”，成为文人园林装饰的风雅题材。如狮子林“四艺”琴棋书画纹花窗（序一图9）及裙板上随处可见的博古清物木雕等。

崇文心理直接导致了对文化名人风雅韵事的追慕，士大夫文人尚人品、尚文品，标榜清雅、清高，于是，张季鹰的“功名未必胜鲈鱼”、谢安的东山丝竹风流、王羲之爱鹅、王子猷爱竹、竹林七贤、陶渊明爱菊、周敦颐爱莲、林和靖梅妻鹤子、苏轼种竹、倪云林好洁洗桐等，自然成为园林装饰图案的重要内容。留园“活泼泼地”的裙板上就有这些内容的木刻图案，十分典雅风流。

中国文化主体儒道禅，儒家以人合天，道家以天合人，禅宗则兼容了儒道。儒家“以人合天”，以“礼”来规范人们回归“天道”，符合天道。儒家文化的三纲六纪，是抽象理想的最高境界，已经成为传统文人的一种心理习惯和思维定势。儒家尚古尊先的社会文化观为士大夫所认同，“景行维贤”，以三纲为宇宙和社会的根本，“三纲五常”、明君贤臣、治国平天下成为士大夫最高的道德理想。于是，尧舜禅让、周文王访贤、姜子牙磻溪垂钓、薛仁贵衣锦回乡，特别是唐代那位“权倾天下而朝不忌，功盖一世而上不疑，侈穷人欲而议者不之贬”[1]的郭子仪，其拜寿戏文

[1]（宋）宋祁，欧阳修，范镇，吕夏卿，等：《新唐书》卷150唐史臣裴垍评语。

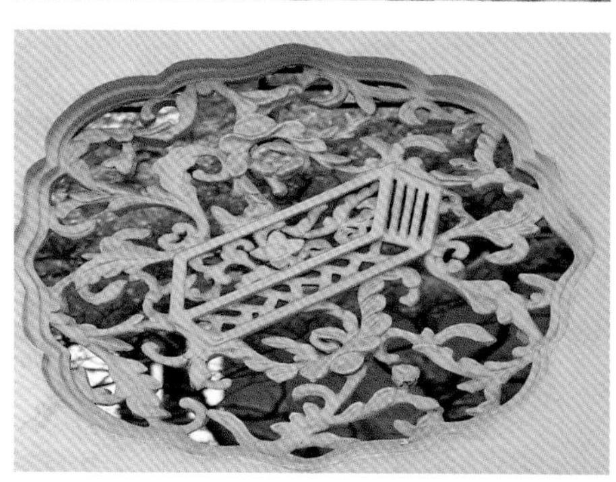
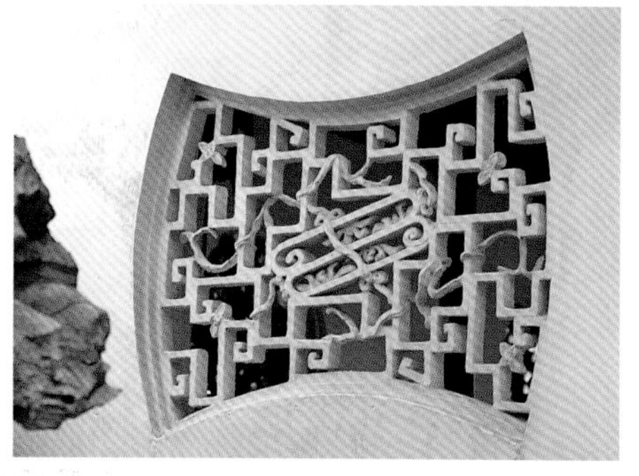

序一图9　琴棋书画（狮子林）

象征着大贤大德、大富贵，亦寿考和后嗣兴旺发达，故成为人臣艳羡不已的对象。清代俞樾在《春在堂随笔》卷七中说："人有喜庆事，以梨园侑觞，往往以'笏圆'终之，盖演郭汾阳生日上寿事也。"

中国古代是以血缘关系为纽带的宗法社会。早在甲骨文中，就有"孝"字，故有人称中国哲学为伦理哲学，中国文化为伦理文化。儒学把某些基本理由、理论建立在日常生活，即与家庭成员的情感心理的根基上，首先强调的是"家庭"中子女对于父母的感情的自觉培育，以此作为"人性"的本根、秩序的来源和社会的基础；把家庭价值置放在人性情感的层次，来作为教育的根本内容。春在楼"凤凰厅"大门檐口六扇长窗的中夹堂板、裙板及十二扇半的裙板上，精心雕刻有"二十四孝"故事（序一图 10），表现出浓厚的儒家伦理色彩。

三

符号具有多义性和易变性，任何的装饰符号都在吐故纳新，它犹如一条汩汩流淌着的历史长河，"具有由过去出发，穿过现在并指向未来的变动性，随着社会历史的演变，传统的内涵也在不断地丰富和变化，它的原生文明因素由于吸收

序一图10　二十四孝——负亲逃难（春在楼）

了其他文化的次生文明因素，永无止境地产生着新的组合、渗透和裂变。”[①]

诚然，由于时间的磨洗以及其他原因，装饰符号的象征意义、功利目的渐渐淡化。加上传承又多工匠世家的父子、师徒“秘传”，虽有图纸留存，但大多还是停留在知其然而不知其所以然的阶段，致使某些显著的装饰纹样，虽然也为“有意味的形式”，但原始记忆模糊甚至丧失，成为无指称意义的文化符码，一种康德所说的“纯粹美”的装饰性外壳了。

尽管如此，苏州园林的装饰图案依然具有现实价值：

没有任何的艺术会含有传达罪恶的意念[②]，园林装饰图案是历史的物化、物化的历史，是一本生动形象的真善美文化教材。“艺术同哲学、科学、宗教一样，也启示着宇宙人生最深的真实，但却是借助于幻想的象征力以诉之于人类的直观的心灵与情绪意境。而‘美’是它的附带的‘赠品’。”[③]装饰图案蕴含着的内美是历史的积淀或历史美感的叠加，具有永恒的魅力，因为这种美，不仅是诉之于人感官的美，更重要的是诉之于人精神的美感，包括历史的、道德的、情感的，这些美的符号又是那么丰富深厚而隽永，细细咀嚼玩味，心灵好似沉浸于美的甘露之中，并获得净化了的美的陶冶。且由于这种美寓于日常的起居歌吟之中，使我们在举目仰首之间、周规折矩之中，都无不受其熏陶。这种潜移默化的感染功能较之带有强制性的教育更有效。

装饰图案是表象思维的产物，大多可以凭借直觉通过感受接受文化，一般人对形象的感受能力大大超过了抽象思维能力，图案正是对文化的一种“视觉传承”[④]，图案将中华民族道德信仰等抽象变成可视具象，视觉是感觉加光速的作用，光速是目前最快的速度，所以视觉传承能在最短的时间中，立刻使古老文化的意涵、思维、形象、感知得到和谐的统一，其作用是不容忽视的。

苏州园林装饰图案是中华民族千年积累的文化宝库，是士大夫文化和民俗文化相互渗化的完美体现，也是创造新文化的源头活水。

游览苏州园林，请留意一下触目皆是的装饰图案，你可以认识一下吴人是怎样借助谐音和相应的形象，将虚无杳渺的幻想、祝愿、憧憬，化成了具有确切寄寓和名目的图案的，而这些韵致隽永、雅趣天成的饰物，将会给你带来真善美的精神愉悦和无尽诗意。

本系列所涉图案单一纹样极少，往往为多种纹样交叠，如柿蒂纹中心多海棠花纹，灯笼纹边缘又呈橄榄纹等，如意头纹、如意云纹作为幅面主纹的点缀应用尤广。鉴于此，本系列图片标示一般随标题主纹而定，主纹外的组图纹样则出现在行文解释中。

曹林娣修改于辛丑桐月

① 叶朗：《审美文化的当代课题》，《美学》1988年第12期。

② 吴振声：《中国建筑装饰艺术》，台北文史出版社，1980年版，第5页。

③ 宗白华：《略谈艺术的“价值结构”》，见《天光云影》，北京：北京大学出版社，2006年版，第76—77页。

④ 王惕：《中华美术民俗》，北京：中国人民大学出版社，1996年版，第31页。

序二

轻纱环碧　弱柳窥青——门窗

叶圣陶先生赞美苏州园林里的门窗图案设计和雕镂琢磨工夫都是工艺美术中的上品。摄影家挺喜欢这些门和窗，他们斟酌着光和影，摄成称心满意的照片。门窗包括洞门、空窗和木制门窗，它们是苏州园林装饰的重要部位。

洞门，明代造园家计成《园冶》称“门空”，是我国古代建筑中一种形制特别的门，兼具装饰性与实用性。它与园中景色互为映衬，是苏州古典园林不可或缺的装饰小品。

苏州古典园林洞门形式的多样性让人惊叹：“有圆、横长、直长、圭形、长六角、正八角、长八角、定胜、海棠、桃、葫芦、贝叶、汉瓶等多种，而每种又有不少变化。如长方形洞门的上缘，除作水平线外，又有中部凸起，或以三五弧线连接而成。洞门上角，简单的仅作海棠纹，复杂的常加角花，形似雀替；或作回纹、云纹，构图多样。”[①]

门窗图式很多，计成列举有：方门合角式、圈门式、上下圈式、莲花式、如意式、贝叶式，执圭式、葫芦式、莲瓣式、剑环式、汉瓶式一至四，花觚式、蓍草瓶式、月窗式、片月式、八角式、六方式、菱花式、梅花式、葵花式、海棠式、鹤子式、贝叶式、六方嵌栀子

① 刘敦桢：《苏州古典园林》，北京：中国建筑工业出版社，2005年，第45页。

式、栀子花式、罐式等。

园林中的院墙、走廊和亭榭等建筑物的墙上，还有各式景窗，景窗分成有芯景窗和无芯景窗两种，前者的芯子常以八角景、六角景、藤景为图案。无芯景窗指不装窗扇的窗孔，因其不设图案，空空如也，称为空窗。空窗在园林中除用于采光通风外，主要是作为取景的画框，使人在游览过程中产生步移景异的感觉。

空窗因其形制小巧，其变化更为自由灵活，式样除常规的圆、方、六角、八角、汉瓶、贝叶、葫芦等形式外，还有菱花、扇形等更为活泼灵动的造型，点缀功能更突出。

洞门和景窗的边框多用灰青色方砖镶砌，与白色墙面、灰色瓦顶、建筑物上栗褐色门窗共同形成素净柔和、娴静淡雅的苏州古典园林色调风格。

木窗的类型也很多，有长窗、半窗、地坪窗、横风窗、和合窗等类型。计成在“装折”中说“门扇岂异寻常，窗棂遵时各式”（窗棂讲究趋时多样），“古以菱花为巧，今之柳叶生奇”（古时以菱花式为巧，今以柳叶形为奇）。柳条槅，俗呼“不了窗”，因为宋“秦桧之丞相第中，窗上下及中一二眼作方眼，余作疏棂，谓之太师窗。此即今之柳叶槅子也，俗又名为不了格”[①]。柳叶更为雅致，可以产生“触景生奇，含情多致，轻纱环碧，弱柳窥青”的艺术效果。计成增减数式，内有花纹各异，亦遵雅致。有柳条变人字式、人字变六方式，柳条变井字式、井字变杂花式、玉砖街式、八方式、束腰式，然都不脱柳条式。风窗图案有冰裂式、梅花式、六方式和圆镜式等。

窗棂遵时变化，苏州园林窗棂图式愈加丰富。有书条、竹节、橄榄景、绦环、海棠芝花、席锦、万穿海棠、夔穿海棠、定胜、九子、球纹、套钱、波纹、破月、软脚万字、鱼鳞、软景海棠、贝叶等。

苏州园林往往在洞门、空窗后面放置湖石、栽植丛竹芭蕉之类，恰似一幅幅小品图画。如计成所说：“刹宇隐环窗，仿佛片图小李；岩峦堆劈石，参差半壁大痴”[②]，刹宇隐现于圆月窗，如小李将军李昭道的片图小景；壁石堆砌成岩峦，如元代大痴道人的半壁山水。

明末清初戏剧家李渔曾于浮日轩作“观山虚牖”，又名之为“尺幅画”“无心画”。浮日轩后有一座不大的小山，丹崖碧水、鸣禽响瀑、茅屋木桥，无所不备。李渔裁纸数幅，做画之头尾，镶上边，贴在窗之四周，这就是他所谓的“实其四面，独虚其中”，虚却非空，乃纳屋后之山景于其中。

苏州园林中的洞窗正是这种手法的具体运用。人们凭借洞门窗框，捕捉天籁，可以将自然界的种种微妙变化，融入意识，引起一种美梦般的幻觉，在恍惚迷离的氛围中，引出朦胧的诗意，以绘就一个个迷离幻妙的图画。窗外一丛修竹、一枝古梅、一棵芭蕉或几块山石、一湾小溪，乃至小山丛林、重崖复岭、深洞丘

① （明）顾起元：《客座赘语·太师窗》卷三。

② （明）计成著，陈植注释：《园冶注释》，北京：中国建设工业出版社，1988 年，第 51 页。

壑，配上窗框图案，皆可成为“尺幅画”“无心画”的题材。这种“画”在苏州园林中举目可见。如留园石林小屋两旁的六角形小窗，收入窗外芭蕉竹石，俨然如两幅六角形的宫扇画面。如果你坐在网师园“小山丛桂轩”、拙政园的“远香堂”，四周设有玻璃花格的长窗，在室内逆光向外透视，这些窗格就成了一幅幅光影交织的黑白图案画。白天，落地长窗的一块块窗格，也仿佛成了一个个取景框，人们从厅内不同的角度都可以看到无数画面，可谓是“四面有山皆入画，一年无日不看花”，人在画中游！网师园殿春簃北墙正中有一排长方形窗户，红木镶边，十分精巧。窗后小天井中有湖石几块，另有翠竹、芭蕉、蜡梅、天竺子，组成生机勃勃、色彩秀丽的画面。最妙的是以上画面，恰似镶嵌在红木窗框之中，横生趣味。装饰美和自然美交融成一幅天然图画。

同样，各种形态的洞门也可作取景框。如拙政园“梧竹幽居”方亭的四面白墙上，都有一个圆洞门，透过这些圆洞门望中部景物，通过不同的角度，可以得到无数不同的画面。

“檐飞宛溪水，窗落敬亭云”，苏州园林洞窗充分体现了向大自然敞开的原则，洞窗虚空和小亭的开敞同一道理，窗不仅能丰富建筑空间层次，增加建筑的立面变化，而且使内外空间互相穿插渗透、扩大景深，增强空间美感，这就是计成所说的：“轩楹高爽，窗户邻虚，纳千顷之汪洋，收四时之烂漫。”[①] 美学家宗白华先生说：“明代人有一小诗，可以帮助我们了解窗子的美感作用。‘一琴几上闲，数竹窗外碧。帘户寂无人，春风自吹入。’这个小房间和外部是隔离的，但经过窗子又和外边联系起来了。没有人出现，突出了这个小房间的空间美。这首诗好比是一张静物画，可以当作塞尚画的几个苹果的静物画来欣赏。”[②]

门窗图式丰富多姿的造型足以逗人眼目，但诚如清人所言，一幅画，“与其令人爱，不如使人思”，深蕴在门窗图式中的文化意义更悦人神志。

本册分洞门、窗棂、景窗图案等六章，前五章以图案类型编排。

① （明）计成著，陈植注释：《园冶注释》，北京：中国建设工业出版社，1988 年，第 51 页。

② 宗白华：《中国园林建筑艺术的美学思想》，载《天光云影》，北京：北京大学出版社，2005 年，第 272–273 页。

序一图 4　和合二仙（忠王府）

术存在于科学知识和神话思想或巫术思想的半途之中。”[①]

史前艺术既是艺术，又是宗教或巫术，同时又有一定的科学成分。春在楼门楼文字额下平台望柱上圆雕着“福、禄、寿”三吉星图像。项脊上塑有“独占鳌头”“招财利市”的立体雕塑。上枋横幅圆雕为“八仙庆寿”。两条垂脊塑“天官赐福”一对，道教以“天、地、水”为“三官”，即世人崇奉的“三官大帝”，而上元天官大帝主赐福。两旁莲花垂柱上端刻有“和合二仙”，一人持荷花，一人捧圆盒，为和好谐美的象征。门楼两侧厢楼山墙上端左右两八角窗上方，分别塑圆形的“和合二仙”和“牛郎织女”，寓意夫妻百年好合，终年相望。神话故事中有不少是从日月星辰崇拜衍化而来，如三星、牛郎织女是星辰的人化，嫦娥是月的人化。

可以推论，自然崇拜和人们各种心理诉求诸如强烈的生命意识、延寿纳福意愿、镇妖避邪观念和伦理道德信仰等符号经纬线，编织起丰富绚丽的艺术符号网络—— 一个知觉的、寓意象征的和心象审美的造型系列。某种具有象征意义的符号一旦被公认，便成为民族的集体契约，“它便像遗传基因一样，一代一代传播下去。尽管后代人并不完全理解其中的意义，但人们只需要接受就可以了。这种传承可以说是无意识的无形传承，由此一点一滴就汇成了文化的长河。”[②]

二

春秋吴王就凿池为苑，开舟游式苑囿之渐，但越王勾践一把火烧掉了姑苏台，只剩下旧苑荒台供后人凭吊，苏州的皇家园林随着姑苏台一起化为了历史，苏州渐渐远离了政治中心。然“三吴奥壤，旧称饶沃，虽凶荒之余，犹为殷盛”，[③]随着汉末自给

①［法］列维·斯特劳斯：《野蛮人的思想》，伦敦 1976 年，第 22 页。

② 王娟：《民俗学概论》，北京：北京大学出版社，2002 年版，第 214-215 页。

③（唐）姚思廉：《陈书》卷 25《裴忌传》引高祖语。

序一图5　敬字亭（台湾林本源园林）

自足的庄园经济的发展，既有文化又有经济地位的士族崛起，晋代永嘉以后，衣冠避难，多萃江左，文艺儒术，彬彬为盛。吴地人民完成了从尚武到尚文的转型，崇文重教成为吴地的普遍风尚，“家家礼乐，人人诗书”，“垂髫之儿皆知翰墨”，[①] 苏州取得了江南文化中心的地位。充溢着氤氲书卷气的私家园林，一枝独秀，绽放在吴门烟水间。

中国自古有崇文心理，有意模仿苏州留园而筑的台湾林本源园林，榕荫大池边至今依然屹立着引人注目的“敬字亭”（序一图5）。

形、声、义三美兼具的汉字，本是由图像衍化而来的表意符号，具有很强的绘画装饰性。东汉大书法家蔡邕说：“凡欲结构字体，皆须像其一物，若鸟之形，若虫食禾，若山若树，纵横有托，运用合度，方可谓书。”在原始人心目中，甲骨上的象形文字有着神秘的力量。后来《河图》《洛书》《易经》八卦和《洪范》九畴等出现，对文字的崇拜起了推波助澜的作用。所以古人也极其重视文字的神圣性和装饰性。甲骨文、商周鼎彝款识，“布白巧妙奇绝，令人玩味不尽，愈深入地去领略，愈觉幽深无际，把握不住，绝不是几何学、数学的理智所能规划出来的”[②]。早在东周以后就养成了以文字为艺术品之习尚。战国出现了文字瓦当，秦汉更为突出，秦飞鸿延年瓦当就是长乐宫鸿台瓦当（序一图6）。西汉文字纹瓦当渐增，目前所见最多，文字以小篆为主，兼及隶书，有少数鸟虫书体。小篆中还包括屈曲多姿的缪篆。有吉祥语，如“千秋万岁”“与天无极”“延年”；有纪念性的，如“汉并天下”；有专用性的，如“鼎胡延寿宫”“都司空瓦”。瓦当文字除表意外，又构成东方独具的汉字装饰美，可与书法、金石、碑拓相比肩。尤其是

序一图6　秦飞鸿延年瓦当

①（宋）朱长文：《吴郡图经续记·风俗》，南京：江苏古籍出版社，1986年版，第11页。

② 宗白华：《中国书法里的美学思想》，见《天光云影》，北京：北京大学出版社，2006年版，第241–242页。

第一章

洞门——月亮门

圆形洞门在苏州园林中最为常见。圆洞门是模仿圆月而筑，是月亮崇拜的物化。神话中的十二月之母是月神常羲（或称嫦娥），《灵宪》曰："月者，阴精之宗。"

直接取象于月亮的圆形门洞，给人以饱满、充实、柔和、活泼的动感和平衡感。实际上月亮圆的时间不长，长圆不变的是太阳。但中国人喜欢满月，满月代表完整或完美，因此人们总是把满月与团圆相结合。佛教中的满月也是美好与安详的象征。而且月亮在夜晚出现，月华如水，更符合中国人的诗意情结，所以圆形洞门被称为"月亮门""月洞门"。

据《南部烟花记》记载，南朝陈后主："为张贵妃丽华造桂宫于光明殿后，作圆门如月，障以水晶。后庭设素粉罘罳（网），庭中空洞无他物，惟植一桂树。树下置药杵臼，使丽华恒训一白兔。丽华被素袿裳，梳凌云髻，插白通草苏孕子，靸玉华飞头履。时独步于中，谓之月宫。帝每入宴乐，呼丽华为'张嫦娥'。"陈后主虽然荒淫无道，但他为宠妃设计的月宫圆月门，算是开了园林月洞门设计的法门。

"凡是有月亮门的人家或园林，墙体都刷成粉白。在一般情况下，工匠要在月亮门的边缘处做一个约 10 厘米宽的装饰边，涂饰灰色。在门的下边是平口，不设门槛，或者做平路不设门槛。在月亮门的上端要视情况再设计一个横向的小区，书写几个字，使之更加清雅、富有诗意……一般的住宅如有月亮门，同时会配几扇隔扇，而且通常关闭着。"①

苏州园林的月亮门以圆形为基本模式，略有区别处集中在门的上端和下缘。上端有三种情况：一、不设横向小区。不设横向小区的月亮门往往更具装饰性，通常不承担连接景区、院落的功用性，如留园石林小院内满月门。二、单向设横向小区。单向设横向小区的月亮门往往引导人们由次要院落进入主要园景，而小区内的题字则含蓄又富有诗意地点出了主要景区的主题，如耦园东花园月亮门（图 1–1）。三、双向设横向小区。此种情况，门洞两侧通常都有景可寻，不分主次，双向题字形式上既成对偶，内容上又相辅相成。同时横向小区的形式又有不同，或为扇形，或为卷轴形，如沧浪亭"玲珑馆"北月亮门。

门洞下缘也可分为三式：满月洞门；平路不设门槛；平路不设门槛，门的下方饰以回纹。圆形洞门多开在分隔景区的院墙之上，或配以低矮蜿蜒的云墙，或修饰高高耸立的粉墙。

月亮门也有用片月的，一弯明月，体现了月的阴晴圆缺。

① 张驭寰：《中国古建筑装饰讲座》，合肥：安徽教育出版社，2005 年，第 235 页。

第一节

满月门

“耦园”洞门下缘不设门槛，不开缺口，为典型的满月形月亮门（图 1–1、图 1–2）。门的两侧青松郁郁，黄石磊磊，皆如画入框。团如满月的门框在这里恰到好处地起到了框景的作用。

留园“林泉耆硕之馆”东侧有小亭名“亦不二”（图 1–3），亭中开满月形月亮门洞。

图 1–1　满月门（耦园）

图 1–2　满月门（耦园）

图 1–3　满月门（留园）

拙政园“梧竹幽居亭”为方形，四面均开满月洞门，四个圆形洞门两两相对，如环相套，如镜对影。漫步园中，立于水边山巅可观亭中满月门之全景（图 1–4、图 1–7）。步入亭中，又可由内向外赏园中四季之变化（图 1–5、图 1–6）。向南望去框出的是小桥与“海棠春坞”，向北望去，框出的是翠竹与“绿漪亭”（图 1–8、图 1–9）。透过圆门，中部景区内的山林、楼台、水池、花木，如画卷般徐徐展开，动静之间，变幻无穷。恰如亭内赵之谦书对联所云：“爽借清风明借月，动观流水静观山”（图 1–10）。

拙政园“枇杷园”是中部景区的园中园，由院外透过圆洞门向园内看去（图 1–11），“嘉实亭”隐于枇杷、绿竹之中；由内院向外看去（图 1–12），“雪香云蔚亭”掩映在一片薄雪之中，这是苏州古典园林“对景”的佳例。月洞门在这里起了框景的重要作用。

“晚翠”一词，语出《千字文》中的“枇杷晚翠，梧桐早凋”。枇杷叶一年四季常青不凋，即使到了岁寒晚景，也还是满园绿意、苍翠欲滴。

图 1–4
图 1–5 | 图 1–6

图 1–4
春日晨曦（拙政园）

图 1–5
初夏新荷（拙政园）

图 1–6
秋叶红透（拙政园）

图 1-7　冬雪皑皑（拙政园）
图 1-8　满月门（拙政园）
图 1-9　满月门（拙政园）
图 1-10　满月门（拙政园）
图 1-11　满月门（拙政园）

图 1-7	图 1-8 / 图 1-9
图 1-10	图 1-11

图 1–12 “晚翠”洞门（拙政园）

图 1–13 满月门（拙政园）

图 1–14 满月门（拙政园）

拙政园“卷石山房”小院紧邻小沧浪水阁，院内回廊环绕（图 1–13）。

苏州园林月亮门多设于院墙之上，拙政园“见山楼”则在建筑物侧墙开圆洞门，此种方式较为少见（图 1–14）。

苏轼《登玲珑山》诗曰：“三休亭上工延月，九折岩前巧贮风。”

拙政园有门亦名“延月”（图 1–15、图 1–16），艺圃有廊名曰“响月”，可见皎皎月色，惹人爱怜。

沧浪亭“五百名贤祠”东月洞门上，嵌砖刻“周规”“折矩”额，取《礼记 · 玉藻篇》“周还中规，折还中矩”之意，谓五百名贤皆能恪守儒家的礼仪法度（图 1–17、图 1–18）。

怡园“四时潇洒亭”开满月洞门（图 1–19）。怡园分东西两部分，低矮的云墙分隔了景区，墙上开月洞门（图 1–20、图 1–21）。

图 1-15 | 图 1-16 | 图 1-17
图 1-18
图 1-19

图 1-15
“延月”洞门（拙政园）

图 1-16
“惠圃”洞门（拙政园）

图 1-17
“周规”洞门（沧浪亭）

图 1-18
“折矩”洞门（沧浪亭）

图 1-19
满月门（怡园）

图 1-20 “迎风”洞门（怡园）

图 1-21 “挹爽”洞门（怡园）

网师园“竹外一枝轩”取意苏轼诗《和秦太虚梅花》：“江头千树春欲暗，竹外一枝斜更好。”轩内可见翠竹两丛，轩外一株寒梅横斜而出。早春二月间，枝头已着点点梅花。（图 1-22、图 1-23）

环秀山庄边廊白墙上嵌各式花窗，开满月洞门（图 1-24）。

狮子林“燕誉堂”前，石笋耸立，花木青翠，小院景色，如画入框，浑然天成。更兼门内门外，皆有花街铺地，路可通幽，自能引人入胜。（图 1-25、图 1-26）

退思园整体布局西宅东园，宅园之间有月洞门相通，门上嵌“得闲小筑”砖额（图 1-27）。

图 1-22 满月门（网师园）

图 1-23 满月门

图 1-24 满月门（环秀山庄）

图 1-25 “入胜”洞门（狮子林）

图 1-26 “通幽”洞门（狮子林）

图 1-27 “得闲小筑”洞门（退思园）

图 1-28　满月门（严家花园）

木渎严家花园“锦荫山房”、阊门外西园寺五百罗汉堂的月洞门都承担着连接景区、院落的功能（图 1–28、图 1–29）。

图 1-29　满月门（西园）

第二节

平底圆洞门

与满月式圆洞门略有不同，平底圆洞门在全圆下端开缺口，设平路一段，更强调往来通行之用。此类型洞门在计成《园冶》门窗式样中没有出现，《营造法原》中将圆形洞门分为全圆与带回纹脚头两种，也未单列不带回纹脚头平底圆洞门。平底圆洞门在苏州园林中较为常见，均收集到数量较多的案例。因此本书将之分别命名为平底圆洞门、回纹平底圆洞门，分列两节加以说明。

艺圃园内两个圆形洞门毗邻而设，中有“浴鸥”池相隔，颇有“盈盈一水间，默默不得语”之意。洞门下缘皆开缺口，设平路一段，更强调往来通行之用。（图 1–30）

留园“五峰仙馆”东侧小院落，洞门内有翠竹一丛（图 1–31）。

可园与沧浪亭隔水相望，园内水池居中，池水清泓可挹，天光云影、垂柳圆门，皆倒影水中，互为对景（图 1–32）。

怡园“碧梧栖凤”小院云墙上开“窈窕”洞门（图 1–33）。

李子卿《聚雪为山赋》云：“玉林不夜，瑶草先春。”江南二月，正是红梅绿

图 1-30
“浴鸥”“芹庐”洞门（艺圃）

图 1-31
平底圆洞门（留园）

图 1-32
“小西湖”洞门（可园）

图 1-33
“窈窕”洞门（怡园）

图 1-34 “延月”洞门（怡园）

图 1-35 “春先”洞门（怡园）

萼“俏也不争春，只把春来报”的时节，怡园“南雪亭”外的一片梅林已是暗香浮动了（图 1–34、图 1–35）。

狮子林“揖峰指柏轩”西侧有小庭院，门轩之间有竹林相隔，浓荫翳日，清幽雅静（图 1–36）。小坐冥想，虽不强求参佛论道，但有心之人，自能“得其环中”（图 1–37）。

图 1-36 “得其环中”洞门（狮子林）

图 1-37 “得其环中”洞门（狮子林）

狮子林“古五松园”洞门，连通室内外空间（图 1–38）。西园寺“无上菩提”洞门，门框边缘装饰双龙戏珠图案（图 1–39）。

图 1-38 平底圆洞门（狮子林）

图 1-39 平底圆洞门（西园寺）

第三节

回纹平底圆洞门

留园“石林小院”洞门为回纹平底圆洞门，此门下缘开缺口，设平路一段，与普通平底圆洞门不同之处在于，门下端装饰边向外作回纹状（图 1–40）。洞门内藤石如画，幽静雅致（图 1–41）。回纹即云雷纹，云雷纹是以连续的回形线条构成的几何图形，以圆形连续构图的单称为云纹；以方形连续构图的单称为雷纹。云雷纹多为商周时代青铜器的地纹，渊源于原始先民的雷神崇拜。汉王充《论衡·雷虚篇》曰：“图画之工，图雷之状，累累如连鼓之形，又图一人若力士之容，谓之雷公。使之左手引连鼓，右手推锥若击之状，其意以为雷声隆隆者，连鼓相扣击之意也。”人们把雷看作是“动万物”之神，“雷出则万物亦出”。雷声震天，古人以为乃上天发怒的标志。“喜致震霆，每震则叫呼射天而弃之移去。至来岁秋，马肥，复相率候于震所，埋没羊，燃火，拔刀，女巫祝说……时有震死……则为之祈福。”[①] 雷成为正义的代表和象征、难以驾驭的自然力，足以使人慑服。

金文雷字如联鼓，形如“回”字，且循环反复连缀，亦称回纹、回回锦。云雷纹最初应含有震慑邪恶、保平安的意思，后来，因其形式都是盘曲连接、无首、无尾、无休止的，显示出绵

① （北齐）魏收：《魏书》卷 103《高车传》，北京：中华书局，1974 年，第 2308 页。

延不断的连续性，所以人们以它来表达诸事深远、世代绵长、富贵不断头、长寿永康等美好的生活理想。

留园“又一村”院墙上、“安知我不知鱼之乐”亭中开回纹平底圆洞门（图1-42、图1-43）。

图 1-40　回纹平底圆洞门（留园）

图 1-41　回纹平底圆洞门（留园）

图 1-42　回纹平底圆洞门（留园）

图 1-43　回纹平底圆洞门（留园）

图 1-44　“通幽”“入胜”洞门（拙政园）

图 1-45 “矫若”洞门（拙政园）

图 1-46 “奥衍”洞门（拙政园）

拙政园入口处东西两侧各设一洞门，东侧洞门题“通幽”，西侧洞门题“入胜”（图 1-44）。倒影楼北洞门，北题“矫若”，南题“奥衍”（图 1-45、图 1-46）。

拙政园“别有洞天”洞门（图 1-47、图 1-48）是中部与西部景区的界门。一墙之隔，却似两重天地，各有景致不同。最妙处就在此洞门，利用墙的厚度，箍

图 1-47 “别有洞天”门（拙政园）

图 1-48 “别有洞天”门近景（拙政园）

成了纵深1.3米的券形园门，游人经过，光线由明变暗，又由暗转明，不过数秒，却是别有天地了。洞门内或春水涟漪（图1–49），或夏荷田田（图1–50）。

虎丘和留园也有以“别有洞天”“别有天”为名的洞门，其实都是在提醒游客，信步至此要打点精神，洞门后面可是另一番仙境般的景致了。

拙政园“荷馨”洞门、怡园入口处洞门都起到了修饰环境的作用（图1–51、图1–52）。

虎丘云岩寺塔，始建于五代，是苏州古城的标志。塔下洞门砖额题字“静远”“远引若至”，强调了佛学境界的高远和追寻的艰难（图1–53、1–54）。

木渎严家花园庭园内两处回纹平底圆洞门（图1–55、图1–56）。

图1–49　春水迤俪（拙政园）

图1–50　夏荷田田（拙政园）

图1–51　“荷馨”洞门（拙政园）

图1–52　入口处洞门（怡园）

图 1-53 “静远”洞门（虎丘）

图 1-54 “远引若至”洞门（虎丘）

图 1-55 “雪鸿”洞门（严家花园）

图 1-56 回纹平底圆洞门（严家花园）

虎丘冷香阁前洞门（图 1-57），洞门下端装饰蔓草纹样，蔓草象征水草，和回纹一样有压火的含义（图 1-58）。

虎丘拥翠山庄外墙随山势起伏，墙上开洞门，装隔扇可关闭（图 1-59）。

图 1-57 “吹香嚼蕋”洞门（虎丘）

图 1-58 洞门下端装饰蔓草纹样（虎丘）

图 1-59 回纹平底圆洞门（虎丘）

虎丘塔下月洞门、网师园“云窟”月洞门皆装有隔扇（图 1-60、图 1-61）。

木渎严家花园“逸秀”洞门，此处为住宅区与东花园界门，有隔扇可供关闭之需（图 1-62）。

忠王府后门，门内是文徵明手植的紫藤，外墙上嵌字“蒙茸一架自成林”（图 1-63）。

图 1-60　回纹平底圆洞门（虎丘）

图 1-61　“云窟”洞门（网师园）

图 1-62　“逸秀”洞门（严家花园）

图 1-63　回纹平底圆洞门（忠王府）

第四节

片月门

一弯新月，是月的阴晴圆缺，也象征着人间的悲欢离合（图 1–64）。

图 1–64　片月门（同里嘉荫堂）

第二章

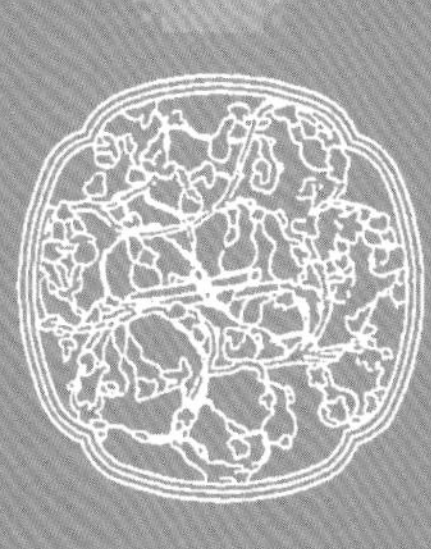

洞门——多边形洞门

“体天象地”是园林建筑构思的基本法则，自然界基本图案是体天的圆形、象地的方形和象山的三角形。三者的交错形成了姿态各异的多边形。多边形洞门有“亞”形、方形、八角形、海棠形、葫芦、贝叶等。

第一节

“亞”形洞门

日月在中国古人的观念中，是阴阳两极的代表，也是构建历法体系的基础，二者相互配合、相互依存。《礼记·祭义》所谓：“日出于东，月出于西，阴阳长短，终始相巡，以致天下之和。”

中华先民在新石器时代就已开始产生原始的太阳教，太阳神崇拜可以说是其他自然崇拜产生的基础。《管子·白心》曰：“化物多者，莫多于日月。”

人类对天的崇拜投射在人们意念之中往往用永恒不变的太阳来表示。太阳崇拜的标识在园林洞门的标识是“亞”形纹。

中国远古时代的“亞”形与“十”无异不二。

十字纹及其变形图案在世界各民族中，曾被普遍使用。据我国考古发现，在新石器时代的众多文化遗址中，亞（十）纹形状十分普遍，包含了多种象征涵义，亞（十）居世界之中心，亦为至上神权与俗权力之象征，源于太阳崇拜。“亞”（“十”）乃一象征符号。“亞”（“十”）象征着至上神权与世俗权力，生命之肇始、本根，生命循环创造之一过程，沟通天地人之工具，也即沟通天堂、地狱、人间之世界轴心所在。

“亞”（“十”）形洞门在苏州园林中十分罕见，目前只收集到东山启园一例（图 2-1）。

图 2-1 “亞”形门（启园）

第二节

方形洞门

“天圆地方”是中国人宇宙观念的浓缩，方为地的象征。中国的上古先民早在新石器时代就已经产生天圆地方的观念。考古人员在两处红山文化遗址中各发现了一组圆形和方形的祭坛。专家认为“反映了当时人们对天、地的原始认识”，是“最早的天坛”和“最早的地坛”[①]。殷商“于中商乎御方”，按照东、南、西、北四个方向来确定“不能言喻”的帝，四方称四风，并与四季相对应。祭地神的处所“社”的祭坛也就成了方形。

“天圆地方”观产生于古人对“天动地静”直观感觉现象的理性思考，所谓“天体圆，地体方；圆者动，方者静；天包地，地依天。”[②]

① 《座谈东山嘴》，刘晋祥先生发言稿，《文物》，1984年第11期。

② 参见苏州博物馆内的南宋淳祐丁未年（公元1247年）石刻《天文图》及其说明文字。

1. 方形洞门

方形洞门在苏州园林中也很常见，多以横长、直长两种形式出现。

方形可以给人以单纯、大方、安定、开阔、舒展、平易、亲切、平静、永久之感。

方形常和圆形结合，产生天地相交之感。长八方式、执圭式、莲瓣式、如意式和贝叶式等，或为长方形、圆形所演变，或为两种基本图形的结合，实际上都是宇宙万物的代码。

万景山庄在虎丘东南山坡，依山而建。万景山庄西门，为典型的方门合角式（图 2–2）。

“亦山亦水”横长门内花木扶苏，松石如画（图 2–3）。

图 2–2 “万景山庄”洞门（虎丘）

图 2–3 “亦山亦水”洞门（虎丘）

留园的石林小院中方形洞门正对一横长空窗（图 2–4），左侧芭蕉旁有一圆形洞门。门透窗，窗透景，人的视线穿越了一重窗与一重门，由一个空间延伸至一系列的空间。苏州园林借这种造景手法，使空间在渗透中获得了层次的变化与景深感。（图 2–5 ~ 图 2–9）

图 2–4　方形洞门（留园）

图 2–5　“别有天”洞门（留园）

图 2–6　“东园一角”洞门（留园）

图 2-7 方形洞门（艺圃）

图 2-8 “真趣”洞门（网师园）

图 2-9 方形洞门（拙政园）

狮子林修竹阁在西部假山东侧，一面依石，三面临水。旧时竹林茂密，因《洛阳伽蓝记》载：“永明寺房厂，连亘一千间，庭列修竹，檐拂高松”，故名。“飞阁”洞门穿过道连接复廊，“通波”洞门可通假山曲径，竹后六角窗隐约可见（图 2-10、图 2-11）。

图 2-10 “飞阁”洞门（狮子林）

图 2-11 “通波”洞门（狮子林）

由于方形的几何形数理特征过强，为了更好地融入园林山水，往往在设计过程中，将方形以圆角或圆转的折线收束，以减少视觉的坚硬感和对环境的冲击力，追求富于情感的自然造型，赋予造型以自然韵味（图 2-12、图 2-13）。

图 2-12 方形洞门（东山启园）

图 2-13 方形洞门（退思园）

方形洞门多设置在廊、轩等建筑物的侧立面或厅堂前后走廊的两侧。方门的变化多体现在门的上端。刘敦桢先生在《苏州古典园林》中对此亦有概括，“长方形洞门的上缘，除作水平线外，又有中部凸起，或以三五弧线连接而成。洞门上角，简单的仅作海棠纹，复杂的常加角花，形似雀替；或作回纹、云纹，构图多样。”

“雀替”是古建筑大木构件名称，又称为“角替”，是在建筑额枋与柱子相交处起承托额枋作用的木质构件。明清时期，雀替形式多样，体现出更多的装饰性特点。方形洞门常在洞门的上角装饰不同的纹样，其形式类似“雀替”，这也是增加洞门美感的一种技巧。

严家花园长廊设长方形洞门，上角装饰云纹（图 2–14）。云纹是传统装饰纹样的一种，因起伏卷曲如行云状，故名。云是一种自然天象，因富于变化又常与雨相联系，有利于农业活动，被视作吉兆。商代就有祭云、卜云的记载，甲骨文有“如兹，其雨”，“来云自南，雨”。祭云用“尞”，即把祭品放在火中焚烧，“尞于云”。《易·乾》：“云行雨施，品物流形”；《左传》：“黄帝以云纪官，故为云师而云名”。在古代文献中，云的名称有多种，如《尚书》有卿云；《史记》：“庆云见喜气也”；《礼斗威仪》：“景云景明也，言云气光明也”；南朝齐孔稚圭《北山移文》：“度白雪以方絜，干青云以直上”，后以青云直上为步步高升。云在古代作为一种吉祥物，与日、月、星同列，有极其重要的地位。《河图帝纪》：“云者天地之本也”；《春秋元命苞》：“阴阳聚为云”；《礼统》：“云者运气布恩普也”。

留园中部景区入口处长方形洞门，上有匾额“长留天地间”。洞门上角装饰镂空回纹（图 2–15）。耦园“织帘老屋”、东山雕花大楼方形洞门（图 2–16、图 2–17）。

图 2–14　方形洞门（严家花园）

图 2–15　“长留天地间”洞门（留园）

图 2-16 | 图 2-17

图 2-16
方形洞门（耦园）

图 2-17
方形洞门（东山雕花大楼）

2. 茶壶档洞门

茶壶档洞门是长方形洞门中较常见的一种变形，洞门上边中间部分略为高出，形似茶壶档，故名。

拥翠山庄依山而建，共有四进，过第二进“问泉亭”，缘蹬道而上，葱茏林木间有小室一间，即为“月驾轩”。轩名取《水经注》“峰驻月驾”之意，月淡风清之时，花影横斜，疏密有致（图 2-18、图 2-19）。

狮子林“燕誉堂”南“听香”“读画”洞门（图 2-20、图 2-21）。

图 2-18 | 图 2-19

图 2-18
“月淡”洞门（拥翠山庄）

图 2-19
“花疏”洞门（拥翠山庄）

狮子林“燕誉堂”北“赏胜”“观幽”洞门（图 2-22、图 2-23）。“读画”门西行通“立雪堂”，“赏胜”门西行可登假山。

图 2-20 “听香”洞门（狮子林）

图 2-21 “读画”洞门（狮子林）

图 2-22 “赏胜”洞门（狮子林）

图 2-23 “观幽”洞门（狮子林）

狮子林古五松园内，方形洞门与月洞门层层相套（图 2-24）。严家花园“锁云”洞门简洁大方（图 2-25）。

严家花园“拙养”“修安”洞门上角，用清水砖做书卷纹角花（图 2-26、图 2-27）。

图 2-24　方形洞门（狮子林）

图 2-25　“锁云”洞门（严家花园）

图 2-26　“拙养”洞门（严家花园）

图 2-27　“修安”（严家花园）

鹤所在留园五峰仙馆东侧，呈敞厅（廊）形式，墙上开方窗、方形洞门（图2-28）。门后花窗中隐隐绿意，乃“石林小院”中芭蕉展叶。

图 2-28 方形洞门（留园）

第三节

八角洞门

1. 八角洞门

八角洞门为圆形洞门与方形洞门结合演变而成，园林中，“八方式，斯亦可为门空”[①]。“在分隔主要景区的院墙上，常用简洁而直径较大的圆洞门和八角洞门，以利通行。”[②] 八角洞门体现了实用与审美的结合。

中国文化崇八，四象生八卦；八卦代表着自然宇宙的种种属性，八极指宇宙平面空间向八个方向伸展到极点，佛教有九山八海、八神、八阵、八风、八大金刚等；道教有八仙过海等，八与发谐音，有发财之意。八的模式数字涵蕴着极大、无限的蕴意。

① 计成著、赵农注译：《园冶图说》，济南：山东画报出版社，2003 年，第 176 页。

② 刘敦桢：《苏州古典园林》，北京：中国建筑工业出版社，2005 年，第 45 页。

形式别致的洞门在古典园林中往往可起到“对景”或“框景”的作用。留园“曲谿楼”下过道设一八角洞门（图 2-29），由此可进入中部景区。伫立门前，八角门框内，湖石、绿水、楼阁、翠荫、游人，虚实相映、动静结合，恰似一幅游园图画（图 2-30）。隔着八角洞门形成的画框往里看，园内景色更显得含蓄深远、若隐若现，引人探寻。

若由“绿荫轩”行至明瑟楼，则“曲谿楼”转而为观赏对象。楼面遍布洞门、空窗、花窗、地坪窗，八角洞门上有文徵明书“曲谿”砖匾，与水中石雕经幢相配，更显古朴典雅。

狮子林由大厅至“燕誉堂”间有两扇相距不足两米的洞门，一为圆形（上有题字“入胜”“通幽”），一为八角，两门之间有海棠铺地及翠竹一丛相隔，体现了苏州古典园林“以善犯为能”、又“以善避为能”的特点。燕誉堂，狮子林中重要的厅堂建筑，此处过道为游人入园必经之地。（图 2-31、图 2-32）

图 2-29　八角洞门（留园）

图 2-30　八角洞门（留园）
图 2-31　满月门与八角洞门（狮子林）
图 2-32　满月门与八角洞门（狮子林）

图 2-30 | 图 2-31 / 图 2-32

狮子林“修竹阁”西八角洞门，在门下端开缺口，造型独特（图 2-33、图 2-34）。

图 2-33　八角洞门（狮子林）

图 2-34　八角洞门（狮子林）

图 2-35　八角洞门（拙政园）

拙政园“香洲”临水而建，形似画舫，实为陆居。此八角洞门上有砖额题字“野航”（图 2-35）。出洞门，登临露台，回望“香洲”，水起涟漪间，“香洲”恰正离岸野航。

怡园“锁绿轩”在复廊北端转角处，轩隐于树林之下，墙上开八角洞门（图 2-36）。天香小筑八角洞门通向园外，有隔扇可供关闭之需（图 2-37、图 2-38）。

图 2-36　八角洞门（怡园）

图 2-37　八角洞门（天香小筑）

图 2-38　八角洞门（天香小筑）

2. 长八角洞门

长八角洞门为长方形洞门或八角洞门之演变。“走廊、小院等处则多采用直长、圭角、长八角及其他轻巧玲珑的形式，尺寸较小，角花也变化多样。”[①]

留园“花步小筑”庭院虽小，但巧石修竹，藤蔓低垂，长八角洞门后“古木交柯”隐隐可见，院落之间似断还连，空间无限（图 2–39、图 2–40）。

素墙、黛瓦，翠竹一丛，花窗隐约，留园中部景区长廊边长八角洞门小巧玲珑、朴素雅致（图 2–41）。

① 刘敦桢：《苏州古典园林》，北京：中国建筑工业出版社，2005 年，第 45 页。

图 2–39　长八角洞门（留园）

图 2–40　长八角洞门（留园）

图 2–41　长八角洞门（留园）

留园“揖峰轩”北面小院的长八角洞门常常被游客忽略（图 2-42）。拙政园“卅六鸳鸯馆”东西侧墙上各开一长八角洞门（图 2-43）。耦园长廊上的长八角洞门，与墙上花窗都框出了天然图画（图 2-44、图 2-45）。

图 2-42　长八角洞门（留园）

图 2-43　长八角洞门（拙政园）

图 2-44　长八角洞门（耦园）

图 2-45　长八角洞门（耦园）

第四节

植物花卉形洞门

1．海棠洞门

图 2-46 “探幽”洞门（狮子林）

海棠因其娇媚的花形和美好的文化涵义而为大家喜闻乐见。宋刘子翚以为海棠集梅、柳的优点于一身：“幽姿淑态弄春晴，梅借风流柳借轻……几经夜雨香犹在，染尽胭脂画不成……”李渔对它更是推崇备至，认为：“春海棠颜色极佳，凡有园亭者不可不备。”春海棠成为春天的象征也就不为过了。然海棠娇弱，花期不长，为了留住满园春色，海棠花成为园林装饰重要的构成图案，凡花窗、洞门、铺地，常常是美好的海棠图案。海棠洞门，有春天永驻、春色满园的含义。厅堂轩馆的海棠窗，给人春意浓浓、满室生春的感觉。以海棠图案为铺地的院子，自然令人步步生春，如沐春风。

海棠的“棠”与“堂”谐音，有满堂、阖家的吉祥意义，满堂春色，喜气洋洋。

狮子林此处洞门形似海棠花瓣（图 2-46），由西向东望去，九狮峰镶嵌其中，奇巧玲珑（图 2-47）。更兼粉墙之上光影斑驳，涉园自可入趣，寻幽当为探花。

图 2-47 “涉趣”洞门（狮子林）

2. 葫芦洞门

葫芦反映了中国哲学宇宙发生论的观念，是葫芦剖判创世神话的意象。中国古代宇宙论认为，创世之前的混沌状态是以天地合为一体的有机整体为特征的，其物化形象是葫芦。葫芦与西方的诺亚方舟具有同等意义。

道教中的"壶"，不仅盛满仙药，而且是方外世界的意象。《后汉书》载："费长房者，汝南人也，为市椽，有老翁卖药悬壶于肆头，及市罢，常跳入壶中，市人莫视。惟长房于楼上睹之，异焉。因往再拜，乃与俱入壶中。惟见玉堂严丽，旨酒甘肴，盈衍其中，共饮毕乃出。乃就楼口候长房曰：'我神仙之人，以过见责，今乃毕，当去。'"于是就有了壶中天地之说。园林中命名为"壶园"的也不少，还可用在装折意境上，《园冶·装折》有："板壁常空，隐出别壶之天地。"神话中将海中三神山称为"三壶"。南朝梁萧绮《拾遗记》载："海上有三山，其形如壶，方丈曰方壶，蓬莱曰蓬壶，瀛洲曰瀛壶。"成为仙境模式。

葫芦又演化为宝瓶，成为观音盛圣水的器皿，也成为海中八仙之一的铁拐李普救众生的宝葫芦。因此，葫芦就蕴含了壶中仙境和上述多种吉祥涵义。

葫芦剖判神话和母性象征，含有新生、母爱等含义。葫芦多子，有子孙满堂的寓意。由葫芦及其蔓带组成的图案可以象征家族的绵延无穷，因为"蔓"与"万"同音，"蔓带"与"万代"谐音，又包含子子孙孙、万代长春的吉祥涵义。[①]

沧浪亭爬山廊上的葫芦洞门，造型饱满可爱，与四周山石花木互相映衬，自成景致（图 2–48、图 2–49）。

① 曹林娣：《中国园林文化》，北京：中国建筑工业出版社，2005 年，第 201–202 页。

图 2–48　葫芦洞门（沧浪亭）

图 2–49　葫芦洞门（沧浪亭）

3．贝叶洞门

《园冶·门窗》云："莲瓣、如意、贝叶，斯宜供佛所用。"意思是说，莲瓣、如意、贝叶形的门窗造型都与佛教有关，可做信佛之家的门窗装饰。

贝叶树，常绿乔木，只开一次花，结果后即死亡。贝叶树叶子阔大，用水沤泡后可以抄写经文用。在古代印度，人们将圣人的事迹及思想用铁笔记录在象征光明的贝多罗（梵文）树叶上；佛教徒也将最圣洁、最有智慧的经文刻写在贝多罗树叶上，后来人们将这种刻写在贝多罗叶上的文字装订成册，称为"贝叶书"。传说贝叶书虽经千年，其文字仍清晰如初，所拥有的智慧是可以流传百世的。园林中的贝叶门洞，象征佛教经文。

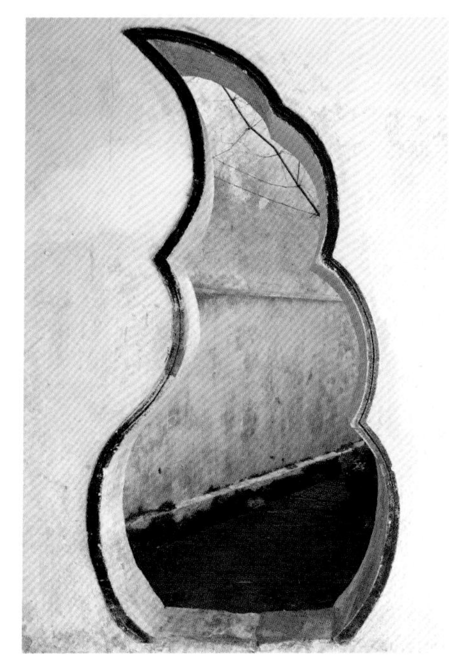

图 2-50 贝叶洞门（狮子林）

此贝叶洞门在狮子林南面长廊（图 2-50）。狮子林初建时，本为佛教寺庙。时至今日，廊边不经意处的一弯贝叶洞门，似乎还在告诉游人，行迹至此，虽不用参佛，也还可悟禅。

沧浪亭贝叶洞门与计成《园冶》中所示"贝叶式"极为相似（图 2-51）。

图 2-51 贝叶洞门（沧浪亭）

畅园爬山廊上贝叶洞门与木渎严家花园“澹香亭”前贝叶洞门，形态各具特色（图 2-52 ~ 图 2-54）。

图 2-52　贝叶洞门（畅园）

图 2-53　贝叶洞门（畅园）

图 2-54　贝叶洞门（严家花园）

第五节

器物形洞门

1. 汉瓶洞门

汉瓶，也称宝瓶、观音瓶，由葫芦形演化而来，是佛家“八吉祥”之一，表示智慧圆满不漏。汉瓶也是传说中观音菩萨盛水的净水瓶，可装满神水而用之不完。在佛教的发源地古印度，净瓶是用来洗涤罪恶污垢使心灵洁净的澡罐。在中国民间，观音菩萨常常以左手拿瓶，右手微举杨柳枝的形象出现，菩萨把杨柳枝投入净瓶而遍撒甘露，可医治世间疾病，引领世人脱离苦难。瓶还与“平”同音，宝瓶因此与太平、平安的美好寓意联系在一起。在传统吉祥图案中，瓶与月季寓意“四季平安”，与大象寓意“太平有象”，与三戟、笙寓意“平升三级”、与爆竹寓意“岁岁平安”、与牡丹寓意“富贵平安”、与如意寓意“平安如意”等。

可园汉瓶洞门平口鼓腹，门前杨柳依依（图 2-55）。

沧浪亭“玲珑馆”东侧汉瓶洞门，瓶口为下弯弧线，瓶腹两侧有耳。洞门内芭蕉新翠，生机盎然（图 2-56）；洞门外正对墙上石榴花窗，秋意正浓（图 2-57）。一瓶两景，令人叫绝（图 2-58）。

图 2-55　汉瓶洞门（可园）

图 2-56　汉瓶洞门（沧浪亭）

图 2-57　汉瓶洞门（沧浪亭）

图 2-58　汉瓶洞门（沧浪亭）

图 2-59　汉瓶洞门（沧浪亭）

图 2-60　汉瓶洞门（沧浪亭）

沧浪亭“锄月轩”东侧汉瓶洞门，平口修身（图 2-59），正对墙上所开汉瓶花窗，束颈圆身，花窗图案装饰细长汉瓶（图 2-60）。瓶中插放三戟。戟，古代兵器，与级同音，瓶放三戟寓意“平升三级”。瓶两侧用线连出两枚铜钱，钱与前同音，喻眼前富贵，用线串起，寓富贵连连。

耦园“吾爱亭”北汉瓶洞门，如美人俏立，灵巧雅致（图 2-61、图 2-62）。

图 2-61　汉瓶洞门（耦园）

图 2-62　汉瓶洞门（耦园）

拙政园“见山楼”汉瓶洞门与灰瓦、绿荫、楼廊相映成趣。依门而立，则荷风四面亭、倚玉轩、小飞虹、香洲，尽收眼底。（图 2-63、图 2-64）

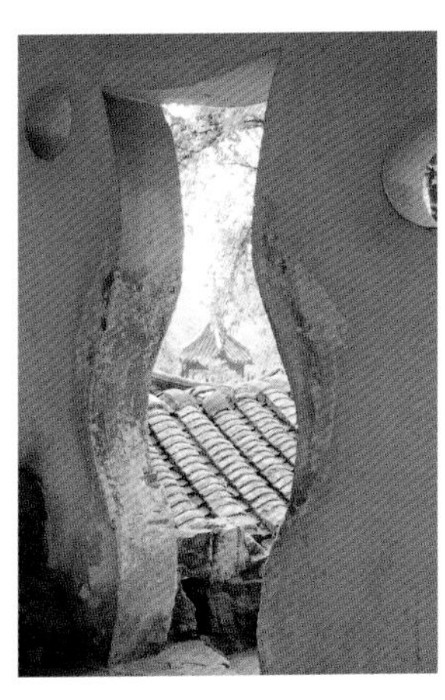

图 2-63　汉瓶洞门（拙政园）

图 2-64　汉瓶洞门（拙政园）

拙政园“与谁同坐轩”临水傍岸，小巧别致。取意苏轼词：“与谁同坐，清风明月我”，格调孤高。轩东北、西南各开一洞门，其状似瓶，又略有不同。一门平底圆口，一门圆底平口，其他高矮胖瘦一般无二。乍看之下，好似水中倒影，又若镜中自赏。（图 2-65 ~ 图 2-68）

图 2-65　汉瓶洞门（拙政园）
图 2-66　汉瓶洞门（拙政园）
图 2-67　汉瓶洞门（拙政园）
图 2-68　汉瓶洞门（拙政园）

图 2-65		
图 2-66	图 2-67	图 2-68

图 2-69 汉瓶洞门（狮子林）

狮子林小方厅东侧汉瓶洞门，造型为短颈长身，别具形态（图 2-69）。

环秀山庄“补秋山房”西侧汉瓶洞门，隐于山石之间（图 2-70）。

天香小筑、虎丘万景山庄内的汉瓶洞门自成小景（图 2-71、图 2-72）。

北塔报恩寺后花园双耳汉瓶洞门（图 2-73）。

同里退思园内两处造型不同的汉瓶洞门（图 2-74~ 图 2-76）。

木渎严家花园、虹饮山房汉瓶洞门（图 2-77、图 2-78）。

图 2-70 汉瓶洞门（环秀山庄）
图 2-71 汉瓶洞门（天香小筑）
图 2-72 汉瓶洞门（虎丘）
图 2-73 汉瓶洞门（北塔报恩寺）
图 2-74 汉瓶洞门（退思园）

图 2-70		图 2-71
图 2-72	图 2-73	图 2-74

图 2-75　汉瓶洞门（退思园）

图 2-76　汉瓶洞门（退思园）

图 2-77　汉瓶洞门（严家花园）

图 2-78　汉瓶洞门（虹饮山房）

2．圭形洞门

此类型洞门可看作圆首圭形。《说文》中称的“剡上为圭”指的是上部尖锐下端平直的片状玉器。玉圭是上古重要的礼器，被广泛用作“朝觐礼见”，用于标明等级身份的瑞玉及祭祀盟誓的祭器。圭是天子和大臣身份地位的象征，同时也是朝会典礼时的必带之物。古籍上有“皇帝执圭，皇后执琮”的记载。圭的形制特点因时代不同、种类相异而存在较大的差别，除了常见的尖首圭形，也有上部呈弧形的圆首圭形。

《园冶》中将这类洞门称为“圈门式”，“凡磨砖门窗，量墙之厚薄，校砖之大小，内空须用满磨，外边只可寸许，不可就砖，边外或白粉或满磨可也。”

图 2-79 “陆羽井”洞门（虎丘）

图 2-80 “入解脱门”洞门（虎丘）

虎丘景区内收集到 4 处圭形洞门。半山腰“第三泉”西，圭形洞门上砖额题字“陆羽井”（图 2-79）。虎丘塔下有“入解脱门”洞门（图 2-80）。无梁殿外墙上开“松溪”“竹径”洞门（图 2-81、图 2-82）。

图 2-81 “松溪”洞门（虎丘）

图 2-82 “竹径”洞门（虎丘）

图 2-83　圭形洞门（天平山庄）

图 2-84　圭形洞门（西园）

天平山“三太师祠”北墙圭形洞门（图 2-83）。西园寺“祇园”洞门，“祇园”是祇树给孤独园的简称，梵文意译，印度佛教圣地之一，后用为佛寺的代称（图 2-84）。

3. 如意洞门

木渎虹饮山房如意洞门内是荷花池，洞门如意头略作变形，更强调往来通行之用（图 2-85）。

如意原是一种器物，柄端做手指形，可用来搔痒，遂人心意，故名如意。按如意形状做成的如意纹样，是中国传统吉祥纹样中常见的一种，寓意“称心”“如意”。目前收集到的苏州园林如意洞门有两处，分别在木渎虹饮山房和东山粒园内。虹饮山房的如意洞门形制简单、抽象；东山粒园的如意洞门写实、具体，洞门下边缘装饰回纹（图 2-86）。

图 2-85　如意洞门（虹饮山房）

图 2-86　如意洞门（东山粒园）

第六节

抽象图形洞门

园林中还有个别洞门形状别致，造型独特，在此以“抽象图形”统称。

狮子林抽象图形洞门在刘敦桢先生《苏州古典园林》中已有收录，但并未定名。狮子林为寺庙园林，又被称为假山王国，进此洞门即为园中主景湖石假山群。狮子林内的假山群，共有九条路线，二十一个洞口，山腹中空灵曲折，宛如迷宫的洞穴即象征从迷茫到豁然开朗的悟佛过程。仔细端详，这处洞门与佛的脚印有几分相似，佛脚印文化从西域传入，唐代以后逐渐替代了原始的大人脚印，并相沿袭而不衰。或许造门者的意图，正是要人沿着佛的脚印，在曲折的假山中去进入佛禅境界，体悟佛法，耐人寻味。这个门洞属于组合造型，上部形似如意头，腰身如净瓶，下端略呈曲线，造型独特（图 2–87、图 2–88）。

虎丘小院一角，借抽象图形洞门造景（图 2–89）。

图 2-87　抽象图形洞门（狮子林）

图 2-88　抽象图形洞门（狮子林）

图 2-89　抽象图形洞门（虎丘）

第三章

窗棂

苏州古典园林中，建筑既可与山水、花木共同构成观赏对象，也是昔日园主宴饮、游乐、品茗、读书的场所。

园林建筑的窗棂装饰是人们日常起居时令人赏心悦目的重要观赏对象。

苏州园林的窗棂构图纹样丰富多姿，与周围环境相协调，在变化无穷中又能合乎力学均衡规律。我们在目不暇接时，也能寻觅到一些美的规律：纹样构图有中心，有系统，交代清楚；形体与细部有机结合，衬托得宜：远看得其全景而轮廓比例适宜，线条清晰；近观得其装饰细节，雅致和谐，灵动精致。即使是朴实简洁的建筑物，通过门窗丰富的细部点缀，巧妙地避免了平庸呆板之病；局部与局部也呼应连贯，且又力量均衡，布置匀称，疏密得宜，错综有致。有韵律节奏，好似凝固的音乐。如冰裂纹，看起来好像很杂乱，但仔细一看，其分布皆有规律，均有发源中心，逐步放射，而脉络不乱。

有的窗棂则完全以观景为主，只镶嵌一块玻璃，但也能给人窗明几净的雅致之感，而窗外景色更可一览无余。

第一节

天地自然符号

1. 方形

方形象地，简练素朴，恰似一方景色的边框，四面山水皆入画，四季美景扑人眼帘（图 3-1 ~ 图 3-9）。

图 3-1
方形窗棂（拙政园）

图 3-2
方形窗棂（拙政园）

图 3-3
方形窗棂（拙政园）

图 3-4
方形窗棂（虎丘）

图 3-5
方形窗棂（网师园）

图 3-6
方形窗棂（耦园）

图 3-7
方形窗棂（耦园）

图 3-8
方形窗棂（耦园）

图 3-9
方形窗棂（耦园）

苏州东山雕花楼建于20世纪20年代，彩色玻璃在当时是建筑装饰中的一种新兴材料（图3–10）。

窗棂装饰图案除了方形，还有“斗方”“套方”和其他方形组合等多种形式。斗方是指大方形里面一个小方形，外面错位以内方形之角对外方形之边，如两方相斗。套方是指大方形套小方形，呈现出菱形的“回”字（图3–11 ~ 图3–14）。其中，图3–12呈网状，有网罗财富之意。忠王府“藏书楼”二层窗棂，两个方形角角相对，形成对称之美（图3–15）。

图3–10　方形窗棂（东山雕花大楼）

图3–11　套方窗棂（拙政园）

图3–12　套方窗棂（忠王府）

图 3-13 套方窗棂（退思园）

图 3-14 套方窗棂（艺圃）

图 3-15 方形窗棂（忠王府）

2. 云气纹

云气纹，也称卷云纹、流云纹，以圆形连续构图，最早出现在商代青铜器上，与雷纹结合形成云雷纹。《左传》："黄帝以云纪官，故为云师而云名。"《周礼》："保章氏以五云之物辨吉凶水旱丰荒之祲。"

汉代云气纹盛行，与当时的神仙思想相协调。《说文》："云，山川气也，从雨云象回转形也。"《初学记》引《洞冥记》："东方朔游吉云之地，汉武帝问朔曰：何名吉云？曰：其国俗，常以云气占吉凶。若吉乐之事，则满室云起，五色照人，着于草树，皆成五色露，露味皆甘。"

在古代文献中，云名有多种，《史记》："庆云见喜气也"；南朝齐孔稚圭《北山移文》："度白雪以方絜，干青云以直上"，后以青云直上喻步步高升。在古人看来，云是吉祥之物。《春秋元命苞》："阴阳聚为云"；《礼统》："云者运气布恩普也”；《河图帝通纪》：“云者天地之本也。”因此，云与日、月、星同列，在古代有着非常重要的地位。

后代通过对云纹的艺术加工，出现了行云、坐云、四合云、如意云等多种格式。

留园“佳晴喜雨快雪之亭”内的窗棂，在方框四角、左右嵌云纹，上下嵌葫芦藤蔓（葫芦装饰寓意参见本书第一章）。

云纹在这里起到联接线条和填充空间的作用。同时，云纹的曲线美也打破了方形框架和直线条的单调，使图案产生变化，充满动感，虚实相间。（图 3–16、图 3–17）

图 3-16
云气纹（留园）

图 3-17
云气纹细节图
（留园）

3. 冰裂纹

冰裂纹模仿自然界的冰裂纹样，或为直线条化成三角状，并有规律的延展（图3–18、图3–21）。冰，是士大夫文人追求人格完善的象征符号，所谓“怀冰握瑜”，象征人品的高洁无暇。姚崇《冰壶诫序》曰：“冰壶者，清洁之至也，君子对之，不忘乎清，夫洞澈无暇，澄空见底，当官明白者有类是乎！故内怀冰清，外涵玉润，此君子冰壶之德也。”[①] 唐王昌龄用“一片冰心在玉壶”，证明自己人格的高洁、为人的清白。

①《全唐文》卷206，北京：中华书局，1983年，第2085页。

拙政园之园中园“枇杷园”，主体建筑“玲珑馆”悬额“玉壶冰”（图3–19）。馆内窗格花纹为冰裂纹（图3–20），馆前庭院铺地亦用冰纹图案，整体风格统一，给人冰凉适宜、神清气爽之感。

图3–18　冰裂纹（网师园）
图3–19　冰裂纹（拙政园）
图3–20　冰裂纹（拙政园）

图3–18 | 图3–19
图3–20

图 3-21　冰裂纹（怡园）

4．冰梅纹

拙政园“兰雪堂”（图 3-22），取李白诗：“独立天地间，清风洒兰雪”之意境。窗格装饰用冰梅纹样（图 3-23），点点寒梅灵秀轻盈，绽放于一片冰雪之中。梅花，一树独先天下春，凌寒留香，又称报春花。玉冰魂魄古梅花，清雅俊逸，花形美丽而不妖艳，花味清韵且又芳香，与牡丹并称为我国国花。

图 3-22　冰梅纹（拙政园）

图 3-23 冰梅纹（拙政园）

拙政园“宜两亭”冰梅纹（图 3-24），冰裂纷纭中镶嵌一朵五瓣梅花（图 3-25），花形饱满秀雅，花开五瓣，谓“梅开五福”，寓意吉祥。

图 3-24 冰梅纹（拙政园）

图 3-25　冰梅纹（拙政园）

第二节

植物符号

1. 梅花纹

狮子林问梅阁（图 3-26），悬额“绮窗春讯”，取意王维诗句：“来日绮窗前，寒梅着花未”。阁前庭院栽植梅花，阁内桌凳皆取五瓣梅花形，室内玻璃窗上装饰彩色四瓣梅花图案（图 3-27）。一年四季，皆有梅影疏淡，梅香清雅之感。梅花花瓣十有九是 5 瓣，特殊品种有 6 瓣或 3 瓣，此处窗棂纹样为 4 瓣，应是民国施工时受施工工艺的局限，工匠们有意用四个花瓣代替梅花，还特意加了花蕊。或许，自然界中也有更奇特的梅花品种有待发现。

梅在中国的栽植历史极为悠久，梅是“果子花”，最早是因其使用价值被古人重视。据考古发现，早在七千多年前的新石器时代，先民已开始采摘梅实。《书经》言之：“若作和羹，尔惟盐梅。”至先秦，人们逐渐有意识欣赏梅的花果。《诗经・召南・摽有梅》：“摽有梅，其实七兮。”《诗经・小雅・四月》中有“山有佳卉，侯栗侯梅”。到魏晋时期，人们开始着重欣赏梅之花，中唐到宋元则逐步发掘阐释其丰富的象征意义，将赏梅提高到了思想文化的层面。在中国文化中，梅经历了“果子实用”到“花色审美”，再到“文化象征”的完整过程，这是其他花木难以比肩的[1]。“蜡雪初消梅

① 参见程杰《中国梅花审美文化研究》。

图 3-26 梅花纹（狮子林）

图 3-27 梅花纹（狮子林）

蕊绽”，梅花凌寒而放，冰清玉洁，风姿绰约、花香淡雅。南宋陈景沂《全芳备祖》、明王象晋《群芳谱》、清康熙钦定《广群芳谱》，均列梅花为花本第一；民国时南京政府，也将梅花定为国花，可见梅花在中国人心中有着独一无二的地位。

2. 海棠纹

海棠象征春色永驻，满堂春意，入门如沐春光。门窗上装饰的海棠纹为四个同心圆形组合而成，海棠纹常与十字纹、套方纹等组合成十字海棠纹、套方嵌海棠纹。

十字穿海棠纹，是由十字纹和四角海棠曲线组成的类柿蒂纹，寓事事如意之吉祥含义（图 3-28 ~ 图 3-40）。

图 3-28 十字海棠纹（拙政园）

图 3-29
海棠纹（狮子林）

图 3-30
海棠纹四周嵌压胜钱（狮子林）

图 3-31
十字海棠纹（狮子林）

图 3-32	
图 3-33	
图 3-34	图 3-35

图 3-32
十字海棠纹（留园）

图 3-33
十字海棠纹（留园）

图 3-34
十字海棠纹（留园）

图 3-35
十字海棠纹（留园）

图 3-36
十字海棠纹（沧浪亭）

图 3-37
十字海棠纹（沧浪亭）

图 3-38
十字海棠纹（沧浪亭）

图 3-39　十字海棠纹（严家花园）

图 3-40　套方嵌十字海棠纹（忠王府）

3. 折枝花纹

折枝花纹指截取某种花卉的一枝或一部分作为装饰纹样，可以单独使用，也可以连续使用，或配合虫鸟等成为组合纹样（图 3-41 ~ 图 3-46）。

图 3-41　折枝花纹（退思园）

图 3-42　折枝花纹（退思园）

图 3-43　折枝花纹（退思园）

图 3-44　折枝花纹（拙政园）

图 3-45　折枝花纹（拙政园）

图 3-46　折枝梅花纹（虎丘）

图 3-41	图 3-42
图 3-43	图 3-44
图 3-45	图 3-46

4. 柳条纹

计成《园冶·装折》“槅棂式”有“户槅柳条式”：“时遵柳条槅，疏而且减，依式变换，随便摘用。”所列图式有柳条变人字式、人字变六方式，柳条变井字式，井字变杂花式、玉砖街式、八方式、束腰式，然都不脱柳条式。

柳条式样的窗格在园林中较为常见，这是因为“柳”本身蕴涵着深厚的文化内涵。早在《诗经·采薇》中，征战归来的士兵就吟出“昔我往矣，杨柳依依。今我来思，雨雪霏霏”的千古名句。细柔如丝的柳枝，撩人心弦，恰如离家时征人难舍难分的情感。“柳”与“留”谐音，“柳”也就成为寄寓留恋、依恋的情感载体。唐代折柳送别成为一种习俗，既包含了人们希望行人如杨柳一样富有生命力，插到哪里都可以生长，更寄托了对行人的留恋怀念之情。王维《送元二使安西》有“渭城朝雨浥轻尘，客舍青青柳色新。劝君更尽一杯酒，西出阳关无故人。”

柳积淀着“家”的情感因子。《诗经·东方未明》中有“折柳樊圃”，李白诗有“此夜笛中闻折柳，何人不起故园情”，《折柳》即指一首描写故园情的曲子。

陶渊明写《五柳先生传》以自况，“宅边有五柳树，因以为号焉”，后泛指具有情致高雅脱俗的隐士居处环境。

杨柳枝在中国文化中还具有治疗疾病、驱除鬼魅、澄净人心和环境的功能。古人每于“正旦取杨柳枝著户，百鬼不入家”，观音菩萨以杨柳枝沾净瓶中水遍洒甘露，向世人祝福。（图 3-47 ~ 图 3-51）

图 3-47　柳条纹（网师园）

图 3-48　柳条纹（网师园）

图 3-49　柳条纹（虎丘）
图 3-50　柳条纹（留园）
图 3-51　柳条纹（严家花园）

图 3-49 | 图 3-50 / 图 3-51

5. 藤蔓纹

窗棂中常用绵绵的藤蔓图纹，藤为蔓生植物白藤、紫藤等的通称。藤蔓滋生延展，蔓蔓不断，因此就有茂盛、长久的吉祥寓意。“蔓”的读音在吴语中与“万”接近，蔓代即万代，暗示了福禄绵绵、万世流芳的美好愿望。青藤常青不老，日本人以为“不死草”，象征长寿。

藤蔓纹还常以瓜瓞绵绵的形式出现，在纹样上表现为大瓜、小瓜、葫芦和瓜蔓，喻意子孙满堂、兴旺繁盛。《诗经·大雅·绵》中就用“绵绵瓜瓞”来比喻周王室的兴盛，《孔疏》：“大者曰瓜，小者曰瓞 ”，瓜在初生时结瓜较小，后逐渐长大，借以形容事业的发展和人丁的兴旺。

耦园“还砚斋”窗棂（图 3-52），或大或小的葫芦缀满了藤蔓，遍布方框四周，喻意连绵不断，人丁兴旺。

忠王府礼拜堂的窗棂装饰了葫芦和南瓜两种不同的藤蔓（图3-53～图3-56）。

南瓜，色黄如金，象征着子孙兴旺和富贵，为大吉大利之物，忠王府礼拜堂彩色窗棂四角又装饰了蝴蝶纹样，喻富贵长寿（图3-57）。

怡园“坡仙琴馆”窗棂四周嵌松鼠吃葡萄纹样，葡萄及藤蔓加上子神松鼠，象征丰收多子（图3-58、图3-59）。

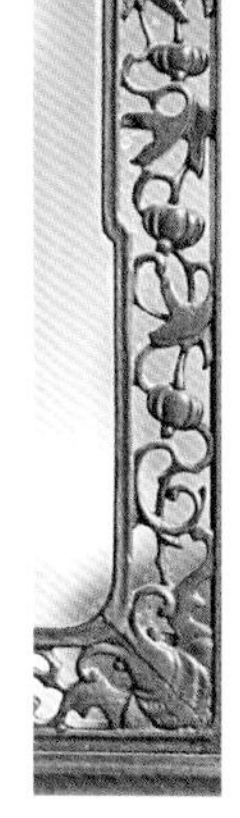

图3-52　葫芦藤蔓纹（耦园）
图3-53　葫芦藤蔓纹（忠王府）
图3-54　葫芦藤蔓纹细部（忠王府）
图3-55　南瓜藤蔓纹（忠王府）
图3-56　南瓜藤蔓纹细部（忠王府）
图3-57　彩色窗藤蔓纹（忠王府）

图3-52		图3-53	图3-54
图3-55	图3-56	图3-57	

图 3-58　松鼠吃葡萄纹（怡园）

图 3-59　松鼠吃葡萄纹细部（怡园）

6．一根藤纹

一根藤纹样，是以花草为基础综合而成的一种吉祥纹样，一根藤的原型为各种藤萝，如爬山虎，常青藤等衍变出的形状，又称“和合藤”“万年藤”。这些植物有一共性就是藤蔓绵长，缠绕不绝，经过艺术提炼，其图案委婉多姿，富有流动感、连续感，优美生动，取其生生不息、千古不绝、万代绵长的美好寓意。一根藤图案小可寄托人们期望长寿的心愿，进而可以表现家族世代绵长不断，香火不绝的愿望，大可显示民族、国家千秋万岁，青春永驻的宏图。（图 3-60 ~ 图 3-63）

图 3-60　一根藤纹（耦园）

图 3-61
一根藤纹（狮子林）

图 3-62
一根藤纹（留园）

图 3-63
一根藤纹（留园）

第三节

文字符号

1. 卍字纹

卍原为古代的一种符咒、护符或宗教标志，通常被认为是太阳或火的象征。在早期基督教艺术和拜占庭艺术中，都可见到卍。纳瓦霍印第安人以卍象征风神雨神。早期日耳曼民族共有的神祇托尔，是个雷神，卍是他的槌子。

太阳为古代少皞太皞族的图腾，以卍形纹或十字纹象征。卍纹亦见于我国古代岩画所绘的太阳神或象征太阳神的画像中，象征着太阳每天从东到西的旋转运行。一曰卍乃巫的变体，最早的巫是太阳的信使，卍还代表太阳。

卍后来运用于佛教，是象征慧根开启、觉悟光明和吉祥如意的护符，代表功德圆满的意思，印度的婆罗门教、佛教都采用了这个符号。卍字在梵文中称为 Srivatsa（室利靺蹉）意为“吉祥之所集”。佛教著作说佛祖再生，胸前隐起卍字纹，遂成为释迦牟尼三十二相之一，即“吉祥海云相”。《华严经》65 卷入法界品：“胸标 卍字，七处平满。”也是西藏雍仲苯教的密语之一，代表了“永生”“永恒”“长存”的含义。

唐慧苑《华严音义》：“卍本非字，周长寿二年，权制此文，音之为万，谓吉祥万德之所集也。”唐武则天天寿二年（公元 693 年），制定此吉祥符号读作万，寓万德吉祥之意。卍字纹样有向左旋和向右旋两种形式，唐代慧琳《一切经音义》有关卍之述认为应以右旋卐为准，民间流传的卍两种形式都通用。宋《营造法式》称：“曲水万字，如水网河道，四通八达，寓吉祥富贵，绵长不断，民间称它‘路路通’。（图 3-64 ~ 图 3-77）

图 3-64
卍字纹（留园）

图 3-65

图 3-66 | 图 3-67

图 3-68

图 3-65
卍字纹（拙政园）

图 3-66
卍字纹（拙政园）

图 3-67
卍字纹（拙政园）

图 3-68
卍字纹（拥翠山庄）

图 3-69　卍字纹（沧浪亭）　图 3-70　卍字纹（沧浪亭）
图 3-71　卍字纹（沧浪亭）　图 3-72　卍字纹（沧浪亭）
图 3-73　卍字纹（忠王府）

图 3-69	
图 3-70	图 3-71
图 3-72	图 3-73

图 3-74　卍字纹（艺圃）

图3-75　卍字纹（严家花园）

图 3-76　卍字纹（严家花园）

图3-77　卍字纹（五峰园）

2. 十字纹

十字纹及其变形图案在世界各民族中曾被普遍使用。据我国考古发现，在新石器时代的众多文化遗址中，十字纹形状十分普遍，十字及其变体纹样或符号包含了多种象征涵义。

我国著名学者丁山认为十字是太阳神的象征，“十”字象征着太阳神，这种象征具有普遍性。世界其他各地民族中均有十字日神的例证。纹章学家认为，“十”“卍”均象征太阳神。

十字纹的所有边长都相等，给人以平衡感。平衡理念最具代表性的象征就成了十字纹，因而它在古代的象征图形中出现的频率最高。

在许多不同的传统文化中，十字形都是作为宇宙的象征：它垂直的线条代表精神、男性，它水平的线条代表大地、女性，而十字形中间的交点则代表天与地的结合。十字形本身又是人类联合统一的象征。

也有人认为，十字纹体现了最原始最简洁的意义：十字是阳光四射的简化符号形式，代表东、南、西、北四个方向，它与昼夜及四季更替有着直接的关系。

在佛教的教义中，“十”字是完满具足的意思。“十方”指的是东、西、南、北、东南、西南、东北、西北、上、下十个方位。唐太宗在《三藏圣教序》中写道：“弘济万品，典御十方”。

园林窗棂中的十字纹常与卍字纹、方形纹形成组合纹样（图3-78～图3-82）。

图3-78　十字纹（沧浪亭）

图3-79　十字纹（退思园）

图 3-80
十字纹（退思园）

图 3-81
十字纹（耦园）

图 3-82
十字纹（耦园）

3. 寿字纹

长寿、多福、厚禄自古是中国人的三大愿望，而长寿更为人们梦寐以求。寿字本身就有长寿吉祥的意思，因此寿字的各种写法与形状也独自成为一种吉祥纹样而与众不同。寿字的字头经过加工，变成对称的图案，是长寿的意思。寿字图案是庆贺生辰吉日最常见的图形标记。通常圆形的称“圆寿”，方形的称“长寿”。清钱曾的《读书求敏记》中，载有百寿字图一卷，网罗了寿的各种字体。寿字还常和其他纹样组合，构成寓意吉祥的图案，如五福捧寿、长春寿字、福寿万代、多福多寿、福寿双全等。

东山雕花大楼两扇窗格均有长寿字图案，但仔细观察又可发现细微差别（图3–83、图3–84）。

图 3–83　寿字纹（东山雕花大楼）

图 3–84　寿字纹（东山雕花大楼）

4. 金玉满堂

陈御史花园“金玉满堂”窗格，花纹装饰华丽富贵，寓意吉祥（图 3–85）。

图3-85 金玉满堂（陈御史花园）

第四节

祥瑞动物符号

1. 龟背纹

六边形因类似龟背，称为“龟锦纹”或“龟背纹”。龟崇拜在中国古代由来已久，早在彩陶时期，就出现了由部落图腾演变来的龟形装饰图案。古人把麟、凤、龟、龙看成“四灵”。龟是其中之一，称“灵龟”。龟能忍受饥渴，可以长期忍受寒暑之苦，生命力极强。《艺文类聚》引《孙氏瑞应》云：“龟者神异之介虫也，玄彩五色，上隆（指背）象天，下平（指腹）象地，生三百岁，游于蕖叶之上，三千岁尚在蓍丛之下，明吉凶，不偏不党，唯义是从。”龟成为长寿的象征，用龟背纹作装修图案，有希冀健康长寿之寓意。龟能知存亡吉凶之忧，殷周时，卜人以灼龟甲为统治者预卜吉凶。龟还用于祭祀，与鼎、玉皆为国家重器。唐代以前，龟纹作为装饰题材已广泛应用在各类工艺美术中。“龟锦纹”则始现于唐并一直沿用至今，因其寓意吉祥，成为一种重要的图案骨架和地纹。（图 3-86、图 3-87）

图 3-86 | 图 3-87

图 3-86
龟背纹（耦园）

图 3-87
龟背纹（留园）

2. 蝶纹

蝴蝶，一名蛱蝶，野蛾，风蝶；江东谓之挞末，色白背者是也。其有大如蝙蝠者，或黑色，或青班，名曰凤子，一名凤车，一名鬼车，生江南橘树间。（晋崔豹《古今注》）蝶舞翩翩，容易让人联想到春意融融；蝴蝶又多与花同时出现，称为蝶恋花，象征爱情。梁山伯与祝英台双双化蝶的民间故事，使蝴蝶成为男女爱情忠贞不渝的象征。类似的传说还有“万古贞魂”，唐李商隐有诗《青陵台》云：“广陵台畔日光斜，万古贞魂倚暮霞。莫许韩凭为蛱蝶，等闲飞上别枝花。”讲的是战国时宋国人韩凭有妻子貌美，宋王欲抢入宫中，罚韩凭去青陵筑台，韩凭死而化蝶的故事。

蝶与“耋”同音，八九十岁的老人在古时称耄耋，蝶与猫组成的图案寓意长寿、健康。

蝴蝶还使人想到“庄周梦蝶”的故事，《庄子·齐物论》：“昔者庄周梦为胡蝶，栩栩然胡蝶也。自喻适志与，不知周也。俄然觉，则蘧蘧然周也。不知周之梦为胡蝶与，胡蝶之梦为周与？周与胡蝶，则必有分矣。此之谓物化。”庄周梦中化为蝴蝶，是对逍遥之境的向往，构建出迷离、虚幻的浪漫境界。

网师园“梯云室”，窗棂以两个方框为中心，夔纹为主要框架，嵌入了蝶纹、折枝花、蝙蝠和压胜钱。纹样繁复多变，造型优美灵巧。（图 3–88、图 3–89）

蝶纹在园林窗棂中常以方框嵌蝶的形式出现（图 3–90 ~ 图 3–100）。

图 3–88
蝶纹（网师园）

图 3–89
蝶纹（网师园）

图 3-90　蝶纹（网师园）

图 3-91　蝶纹（网师园）

图 3-92　蝶纹（网师园）

图 3-93　蝶纹（耦园）

图 3-94　蝶纹（怡园）

图 3-95　蝶纹（怡园）

图 3-90	图 3-91
图 3-92	图 3-93
图 3-94	图 3-95

图 3-96	
图 3-97	图 3-98
图 3-99	图 3-100

图 3-96
蝶纹（怡园）

图 3-97
蝶纹（沧浪亭）

图 3-98
蝶纹（严家花园）

图 3-99
蝶纹（严家花园）

图 3-100
蝶纹（忠王府）

3．蝠纹

蝠与福同音。福是指福气、幸福。《韩非子》："全寿富贵之谓福"；《礼记·祭统》："福者，备也。备者，百顺之名也，无所不顺者之谓备"，即富贵、安宁、长寿、如意、吉庆等完备美满之意。

留园"揖峰轩"窗格，回纹为基本纹饰，中间部分为蝙蝠与铜钱组成的图案。钱与前同音，古时又称钱为泉，与全同音，两钱为双，此窗纹图案寓福禄双全，福在眼前（图 3-101、图 3-102）。

图 3-101　蝠纹（留园）

图 3-102　蝠纹细部（留园）

第五节

器物符号

1．扇形

折扇模仿自蝙蝠，有幸福、长寿等吉祥意义，扇者善也，扇扬仁风。明代开始，文人雅士手执折扇成为潇洒儒雅的标志。

图 3-103

图 3-104

图 3-103　扇形（忠王府）
图 3-104　扇形（忠王府）

忠王府藏书楼窗棂分三层，中间一层以扇形为中心，上下两层均为方框嵌蝶（图 3-103）。

此处窗棂分三层，中间一层以扇形为中心，上下两层均为方框嵌蝶，四周装饰回纹（图 3-104）。

2. 书条纹

书条纹是一种以竖形隔心为主的简单隔扇图案。苏州园林主人多为文人士大夫，以卷中岁月为最大乐趣，故模仿古代书籍的页面条纹做书条式窗格。（图 3-105 ~ 图 3-112）

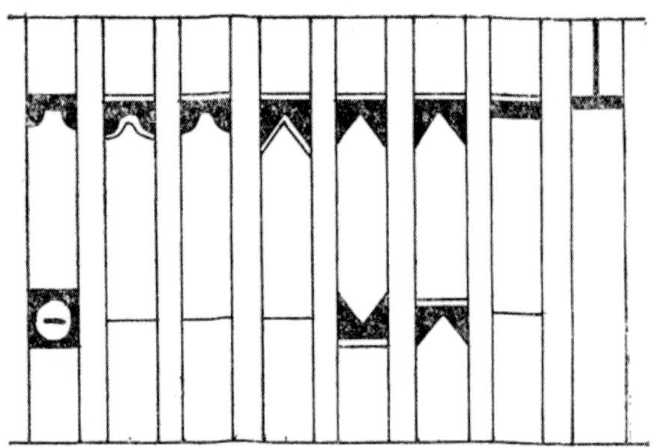

图 3-105　宋版书书条

图 3-106　书条纹（忠王府）

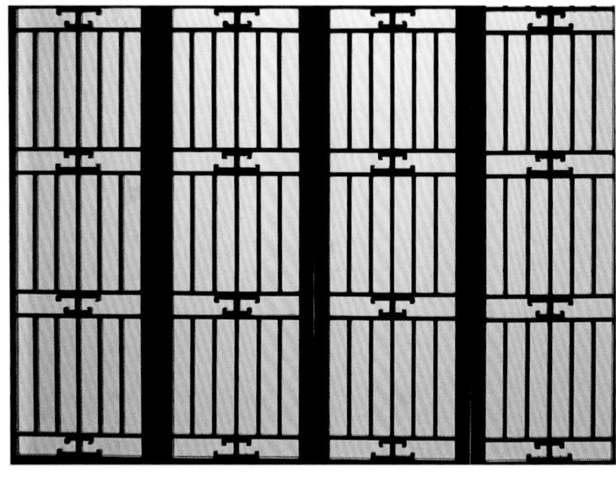

图 3-107　书条纹（忠王府）

图 3-108　书条纹（忠王府）

图 3-109　书条纹（艺圃）

图 3-110　书条纹（艺圃）

图 3-111 书条纹（沧浪亭）

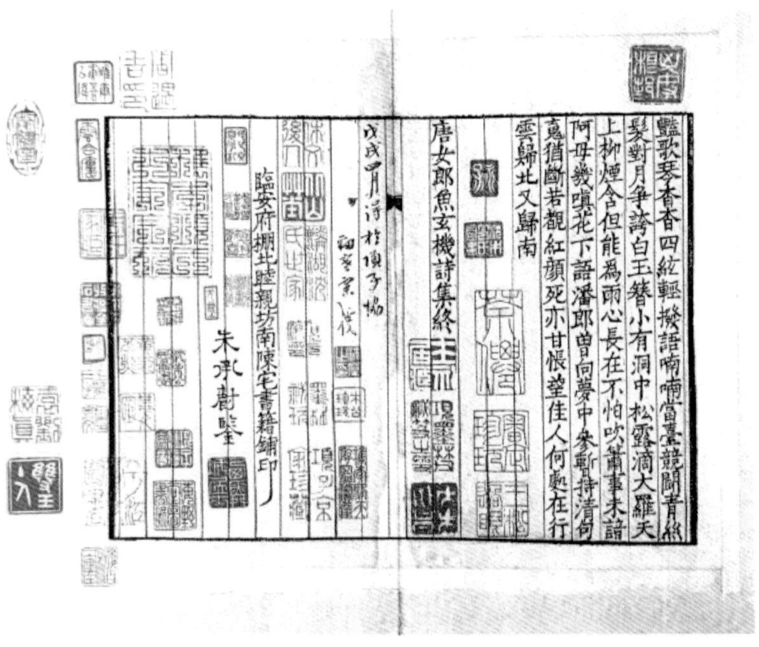

豔歌琴杳杳四絃輕撥語喃喃當臺競鬪青絲
髮對月爭誇白玉簪小有洞中松露滴大羅天
上柳煙含但能為雨心長在不怕吹簫事未諳
阿母幾嗔花下語潘郎曾向夢中參暫持清句
魂猶斷若覩紅顏死亦甘悵望佳人何處在行
雲歸北又歸南

唐女郎魚玄機詩集終

臨安府棚北睦親坊南陳宅書籍鋪印

朱承爵鑒

图 3-112 《唐女郎鱼玄机诗》，南宋临安府陈宅书籍铺（杭州著名印书作坊）刻本书条

3. 如意纹

如意原柄端作手指状，用以搔痒可如人意，故而得名。和尚宣讲佛经时，也持如意，记经文于上，以备遗忘，成为一佛具，是佛教八宝之一。晋唐时代的如意，是用来搔痒的。道教盛行时，灵芝、祥云也象征如意，指状如意的柄端改成灵芝形或祥云形，其柄微曲，造型优美。《琅环记》："昔有贫士，多阴德，遇道士赠一如意，凡心有所欲，一举之顷，随即如意，因即名之也。"如意如意，如君之意，拥有如意代表做什么事情和要什么东西都能如愿以偿。明清以来，因其造型优美、寓意心想事成、称心如意，成为一种重要的装饰品。康熙年间，如意成为皇宫里皇上、后妃之玩物，并作为赏赐王公大臣之物；民国时代，如意成为贵重礼品，富有之家相互馈赠，祝愿称心如意。如意成为承载祈福禳安的圣物。（图 3-113 ~ 图 3-126）

图 3-113　如意纹（留园）
图 3-114　如意纹（留园）
图 3-115　如意纹（留园）
图 3-116　如意纹（留园）

图 3-113	图 3-114
图 3-115	图 3-116

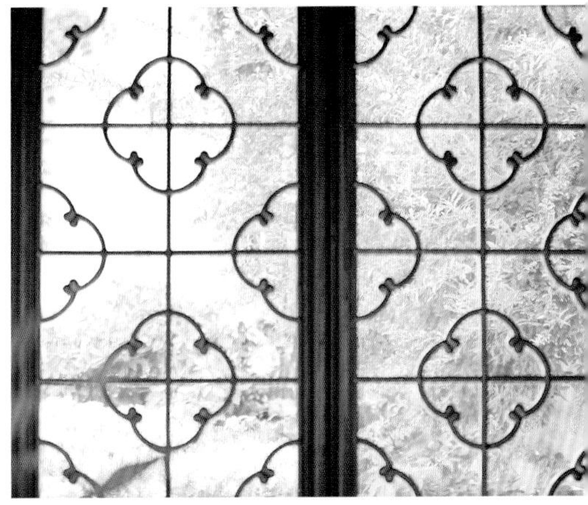

图 3-117　如意纹（网师园）
图 3-118　如意纹（网师园）
图 3-119　如意纹（网师园）
图 3-120　如意纹（网师园）
图 3-121　如意纹（拙政园）
图 3-122　如意纹（拙政园）

图 3-117 | 图 3-119 | 图 3-118
图 3-120
图 3-121 | 图 3-122

东山启园“镜湖楼”窗棂为方形，四边装饰两对如意纹样，上下为如意头，左右为四合如意（图 3–123）。

图 3–123 如意纹（东山启园）

东山雕花大楼窗棂上下两格以回纹装饰八角，中间为典型的四合如意纹。四合如意，四个如意头从四面围拢钩连起来，象征诸事如意。（图 3–124）

退思园、忠王府的十字海棠纹窗棂。（图 3–125 ~ 图 3–127）

图 3–124 如意纹（东山雕花大楼）

图 3-125 如意纹
（退思园）

图 3-126 如意纹细部
（退思园）

图 3-127 如意纹
（忠王府）

4．方胜纹

在方、圆、三角三种基础形状中，方形纹是应用广、变化多的一种几何纹。方纹的组合很多，有连结、相交、相套、错位等多种。

方胜，是两个方形（菱形）相套的一种图案。胜是古代妇女首饰，《山海经·西山经》："西王母其状如人，豹尾虎齿而善啸，蓬发戴胜。"郭璞注："胜，玉胜也。"又，《汉书·司马相如传》："（西王母）皓然白首戴胜而穴处兮。"颜师古注："胜，妇人首饰也，汉代谓之华胜。"

拙政园"留听阁""卅六鸳鸯馆"的西洋蓝色菱形玻璃窗，造形略似方胜纹，但不是方胜（图 3–128 ~ 图 3–132）。

方胜图案取不死药的所有者西王母吉意，含有长寿、辟邪及同心同意，优胜吉祥之意。与珠、锭、如意、犀角、珊瑚、罄、书、笔、艾叶组成八宝（图 3–133 ~ 图 3–136）。

图 3–128　类方胜纹（拙政园）　图 3–129　类方胜纹（拙政园）
图 3–130　类方胜纹（拙政园）　图 3–131　类方胜纹（拙政园）
图 3–132　类方胜纹（拙政园）

图 3–128	图 3–129	图 3–130
图 3–131	图 3–132	

图 3-133　方胜纹（拙政园）　　图 3-134　方胜纹（拙政园）
图 3-135　方胜纹（网师园）　　图 3-136　方胜纹（网师园）

图 3-133	图 3-134
图 3-135	图 3-136

5. 压胜钱、夔龙纹

压胜钱，古时系指一些形状类似钱币的吉利或避邪物品。它来源于古代方士的一种巫术——厌胜法，当时人们认为运用厌胜法就可以制服他们想要制服的人和物。厌胜法的“厌”读作 ya，据《说文解字》解释：厌，笮也，令人作压。所以通常又把厌胜法称作压胜法。压胜钱实际上就是据厌胜法的本义，人们为避邪祈福而制造的一种饰物，仅供人佩带赏玩。名曰钱，实际上并不作货币在市场上流通。

压胜钱自汉以来即有铸造。早在魏晋南北朝时，每当宫廷内有祭典活动，都要专门铸造七批压胜钱，悬挂在宫灯下。至明、清时已逐步形成一种惯例，每朝新皇帝登基，均造一批精美的压胜钱。这种习俗流入民间，相习成俗，反映了人们祈求太平盛世的美好愿望。

压胜钱常穿在夔龙纹中，夔龙本为舜二臣之名，夔为乐官，龙为谏官。后人混为一人，遂有夔龙之名。又误将“夔一而足”误为夔为一足之人，《庄子·秋水》：“夔谓蚿曰：‘吾以一足趻踔而行，予无如矣。’”后来，又将夔为一足之人

传为兽名，夔龙连称，成为传说只有一足的龙形动物。（图 3-137、图 3-138）

《山海经·大荒东经》："东海中有流波山，入海七千里，其上有兽，状如牛，苍身而无角，一足，出入水则必风雨，其光如日月，其声如雷，其名曰夔。黄帝得之，以其皮为鼓，橛以雷兽之骨，声闻五百里。"《说文·夊部》："夔，神魖也。如龙，一足……象有角手人面之形。"夔龙纹，古钟鼎彝等器物上所雕刻的夔形纹饰，也称夔纹。（图 3-139 ~ 图 3-144）

图 3-137
夔龙纹穿压胜钱
（拙政园）

图 3-138
夔龙纹穿压胜钱
（网师园）

图 3-139
夔龙纹（网师园）

图 3-140	图 3-141
图 3-142	图 3-143
图 3-144	

图 3-140
夔龙纹（网师园）

图 3-141
夔龙纹（网师园）

图 3-142
夔龙纹（网师园）

图 3-143
夔龙纹（网师园）

图 3-144
夔龙纹（东山启园）

6．盘长纹

盘长，佛教八吉祥之一。《雍和宫法物说明册》载："盘长，佛说回环贯彻一切通明之谓"，盘长象征连绵不断。民间也叫盘长为百吉，它无头无尾，无始无终，可以想象为许多个"结"，借"百吉"之声，作为百事吉祥如意的象征，也有福寿延绵，永无休止的意思。

"看松读画轩"朝北花窗，图案由三组不同纹样组成，于变化中尤显精致。最上层为十字海棠如意纹，第二层由中心的盘长连接上下左右线条，底层则在四边装饰盘长纹，与第二层产生呼应，体现了多样的统一。（图 3-145）

图 3-145　盘长纹（网师园）

7．灯锦纹

灯笼框（又名灯笼锦）是又一种常见的传统窗格图案，它是简单化、抽象化了的灯笼形象，以八边形为基本骨架，中间留有较大面积的空白，周围点缀折枝花等装饰，图案简洁舒朗。在古代，灯笼是光明和喜庆的象征，以抽象的灯笼图案作为装饰窗格图案，寄寓了人们对美好光明生活的向往。（图 3-146 ~ 图 3-151）

图 3-146
灯锦纹（狮子林）

图 3-147
灯锦纹（狮子林）

图 3-148
灯锦纹（狮子林）

图 3-149 灯锦纹（拙政园）

图 3-150 灯锦纹（拙政园）

图 3-151　灯锦纹（拙政园）

图 3-152　灯锦纹（拙政园）

拙政园“秫香馆”窗棂，上下两排以八角形灯笼框为基础图案，四角配回纹，左右两边嵌蝴蝶纹饰。中间一排以圆为基础图案，配以回纹。（图 3-152）

图 3-153　灯锦纹（拙政园）

图3-154 灯锦纹（网师园）

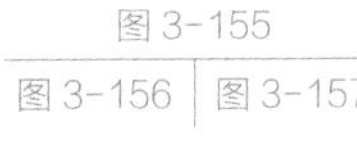

图3-155
灯锦纹（留园）

图3-156
灯锦纹（留园）

图3-157
灯锦纹（拥翠山庄）

图 3-158　灯锦纹（畅园）

图 3-159　灯锦纹（五峰园）

图 3-160　灯锦纹（常熟燕园）

东山雕花大楼窗格以灯笼框嵌菱形纹饰为主，四方连续图案中心又构成海棠纹样。中间一排镶嵌彩色不透明玻璃，带有明显的西洋风格。（图 3–161）

雕花大楼建于 1922 年，历时三年完工，建筑装饰体现了融合东西的特色。雕花大楼内灯锦纹窗棂造形多样，各具特色。（图 3–162 ~ 图 3–164、图 3–168）

东山雕花大楼二楼书房“墨耘斋”“牧心斋”，室内家具已体现民国海派风貌，山墙上的彩色玻璃当年从法国进口，在阳光的照耀下，变幻出“春、夏、秋、冬”的四季景色（图 3–165 ~ 图 3–167）。

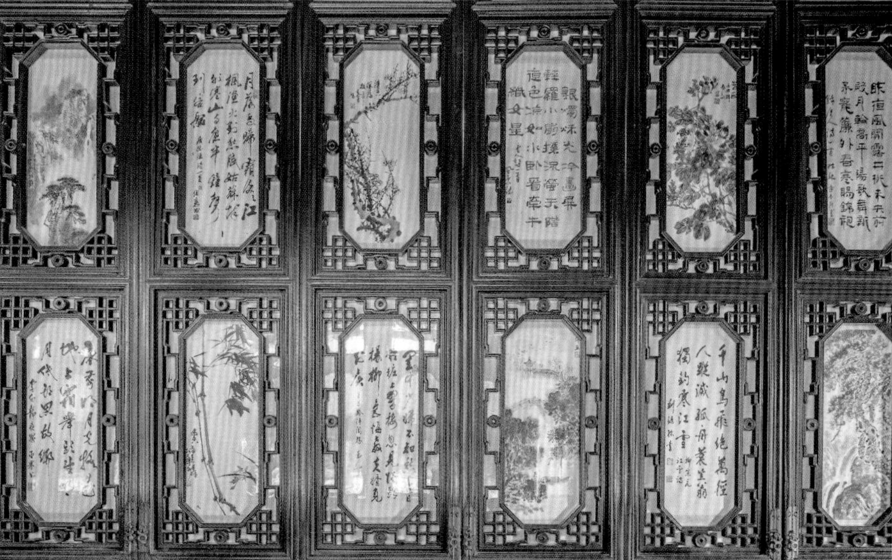

图 3-161

图 3-162 图 3-163

图 3-164

图 3-161
灯锦纹（东山雕花大楼）

图 3-162
灯锦纹（东山雕花大楼）

图 3-163
灯锦纹（东山雕花大楼）

图 3-164
灯锦纹（东山雕花大楼）

图 3-165
灯锦纹（东山雕花大楼）

图 3-166
灯锦纹（东山雕花大楼）

图 3-167
灯锦纹（东山雕花大楼）

退思园、忠王府、沧浪亭中的各式灯锦纹，线条细致，图案优美（图 3-169～图 3-178）。

图 3-168　灯锦纹（东山雕花大楼）

图 3-169　灯锦纹（退思园）

图 3-170　灯锦纹（退思园）

图 3-171　灯锦纹（退思园）

图 3-172	
图 3-173	图 3-174
图 3-175	图 3-176
图 3-177	图 3-178

图 3-172
灯锦纹（退思园）

图 3-173
灯锦纹（忠王府）

图 3-174
灯锦纹（忠王府）

图 3-175
灯锦纹（忠王府）

图 3-176
灯锦纹（忠王府）

图 3-177
灯锦纹（沧浪亭）

图 3-178
灯锦纹（沧浪亭）

8．步步锦

步步锦是横线和竖线按一定的规律组合在一起，周围嵌以简单雕饰的一种线条图案。将这种装饰花纹冠以“步步锦”的美称，反映出人们渴望不断进取，一步步走上锦绣前程的美好愿望。（图 3–179 ~ 图 3–188）

图 3–179　步步锦（沧浪亭）

图 3–180　步步锦（沧浪亭）

图 3-181　步步锦（沧浪亭）　图 3-182　步步锦（沧浪亭）
图 3-183　步步锦（拙政园）　图 3-184　步步锦（可园）

图 3-181	图 3-183
图 3-182	

图 3-184

图 3-185　步步锦（退思园）

图 3-186　步步锦（退思园）

图 3-187　步步锦（艺圃）

图 3-188　步步锦（艺圃）

第四章

景窗——无芯景窗

在苏州古典园林建筑的整体造型中，门、窗都属于外檐装修。各式各样的门窗造型，既丰富了建筑立面，美化了建筑外观，又起到通风采光、分隔空间、框景借景的作用。为了获得更多光线、达到更好的通风效果，园林的围墙、走廊和亭榭墙面上常开设窗宕，不安窗扇，四周满嵌细砖，旧称月洞，现叫空窗，本书中又称为“无芯景窗”。无芯景窗的式样比洞门更多变化，点缀墙壁的功能也更突出。

苏州园林观之不厌，游之不足，以有限面积，造无限空间，“虚实”二字确为造园之要谛。“虚实”之用易言难工，可借洞门、景窗略识一二。

墙为实，门窗为虚，虚实结合，方能变化无穷。中国绘画，最忌满纸笔墨，而以“留虚”为美，造园之理亦同。小院往往在洞门、景窗后面放置湖石、栽植丛竹芭蕉之类，恰似一幅幅小品图画，游人经过，自然会驻足赏玩，回味无穷。不仅如此，洞门、景窗还能丰富建筑空间层次，增加建筑的立面变化，使内外空间互相穿插渗透，从而扩大景深效果。虚实相生，才能景致无限。

第一节

天地自然符号

1．圆形

复廊即为两廊并为一体，中间隔一道墙，墙上设空窗，两面都可通行。狮子林复廊则于廊的两侧又各设一面墙，中间隔墙上设不透明玻璃花窗，两侧墙上各开五个空窗。园中复廊朝立雪堂一面，白墙之上连开五个圆形空窗，如团栾满月。廊内隔墙上，装饰彩色不透明玻璃花窗。廊中光线幽暗，廊外日光朗朗。由暗及明，豁然开朗，是目之所见，亦为心中所感。立雪堂乃旧时书斋，又为当年和尚传法之处。（图 4-1 ~ 图 4-8）

畅园小院一角的圆形空窗（图 4-9、图 4 -10）。

图 4-1	图 4-2
图 4-3	图 4-4
图 4-5	图 4-6
图 4-7	图 4-8

图 4-1
圆形（狮子林）

图 4-2
圆形（狮子林）

图 4-3
圆形（狮子林）

图 4-4
圆形（狮子林）

图 4-5
圆形（狮子林）

图 4-6
圆形（狮子林）

图 4-7
圆形（狮子林）

图 4-8
圆形（狮子林）

图 4-9 圆形（畅园）

图 4-10 圆形（畅园）

2. 椭圆

椭圆，长圆形。椭，在西汉字书《急救篇》中指长圆形的容器。椭圆形空窗在苏州园林中只收集到一例，在木渎严家花园内（图 4-11 ~ 图 4-13）。

图 4-11
图 4-12 | 图 4-13

图 4-11
椭圆形（严家花园）

图 4-12
椭圆形（严家花园）

图 4-13
椭圆形（严家花园）

3. 方形

方形空窗或开于廊墙之上、或见于过道两侧。亭若一面设墙，其上亦多开横长空窗。廊中慢步，过道匆匆，亭中小憩，总教人左顾右盼间皆有景可观。

拙政园“嘉实亭”在“枇杷园”内，园名取戴敏诗：“东园载酒西园醉，摘尽枇杷一树金”。嘉实，佳美的果实，南朝梁丘迟《芳树》有“芳叶已漠漠，嘉实复离离”之句。小院内遍植枇杷，亭隐于树阴之后，暮春时节，枇杷满树，嘉实累累。亭中方形空窗两侧有对联：“春秋多佳日，山水有清音。”窗后，湖石皱透，绿竹摇曳，果然是“尺幅窗，无心画”（图 4–14、图 4–15）。刘敦桢先生在《苏州古典园林》中总结道：“洞门、空窗后面置石峰、植竹丛芭蕉之类，形成一幅幅小品图画，是苏州古典园林常用的手法。”（图 4–16）

拥翠山庄在虎丘南山坡，依山势而建。此园即独立成景，又是虎丘的组成部分，园借山势，山增园色，相得益彰。拥翠山庄共分四进，“问泉亭”为第二进，因墙外有“憨憨泉”而设。

亭三面开敞，北面墙上设一横长空窗，后植芭蕉，东侧有翠竹数竿，盛夏之时，可于此避暑纳凉（图 4–17）。

网师园“竹外一枝轩”，取宋苏轼《和秦太虚梅花》“江头千树春欲暗，竹外一枝斜更好”诗意。旭日初升之时，粉墙为纸竹为绘，黑白两色构成最丰富的光影世界。（图 4–18、图 4–19）

“竹外一枝轩”此处为窄窄的折角墙，本来平淡无奇，但因西、南壁上各辟一空窗，顿觉气韵生动，空间灵秀。水阁、黄石、花树、池面，于透漏之间意境无穷，令人心怡。（图 4–20）

图 4–14　方形（拙政园）

图 4–15　方形（拙政园）

图 4-16　方形（拙政园）

图 4-17　方形（拥翠山庄）

图 4-18　方形（网师园）

图 4-19　方形（网师园）

图 4-20 方形（网师园）

留园“五峰仙馆”东、西侧过道墙上皆开方形空窗（图 4-21），东侧过道墙上开横长空窗窗内所见为“石林小院”景致（图 4-22）。向北数步有洞门“静中观”，向南即为开敞式宽廊“鹤所”。

图 4-21 方形（留园）

图 4-22　方形（留园）

“鹤所”南北走向呈曲尺形，西面为五峰仙馆。由于在朝西的墙面上连开了三个巨大的、完全透空的窗洞，被分隔的内、外空间有了连通关系，处在“鹤所”之内的人可以透过各个空窗看庭院里的湖石假山及西楼。不仅如此，“鹤所”东墙上还开了两扇花窗，站在五峰仙馆前，透过第一重空窗，再越过第二重花窗，隐约可见的绿色是石林小院中的芭蕉展叶，这是借空间的渗透而获得层次变化与深度感的极佳范例。（图 4–23）

留园“曲篠楼”至“西楼”过道，连开四扇空窗、两扇花窗和一扇洞门，由门窗向西望去，中部景区内景色宛然若图画。陈从周先生在《园韵》中说：“曲谿楼底层西墙皆列砖框、花窗，游者至此，感觉处处邻虚，移步换影，眼底如画。”（此处“砖框”即为本书中所说“空窗”，见图 4–24 ~ 图 4–28）

耦园西花园长廊遍布方形空窗，漫步廊中，步移景异（图 4–29 ~ 图 4–34）。

图 4-23　方形（留园）

图 4-24 方形（留园）

图 4-25 方形（留园）

图 4-26　方形（留园）

图 4-27　方形（留园）

图 4-28　方形（留园）

图 4-29　方形（耦园）

图 4-30
方形（耦园）

图 4-31
方形（耦园）

图 4-32
方形（耦园）

图 4-33
方形（耦园）

图 4-34
方形（耦园）

图 4-35
方形（艺圃）

图 4-36 方形（艺圃）

艺圃长廊面东而设，依水临池，取杜牧诗：“月白烟青水暗流，孤猿衔恨叫中秋。”响与享通，意在此可享受无边月色。廊中开方形空窗，后有素墙为底，间以丛竹、芭蕉，也自成雅致小品。窗旁有对联一副，曰：“踏月寻诗临碧沼，披裘入画步琼山。”（图 4–35、图 4–36）

狮子林园内小竹林，东有“揖峰指柏”轩，西有长廊，廊上连开三个方形空窗（图 4–37 ~ 图 4–41）。

木渎严家花园“明是楼”“听雨轩”东侧长廊上的方形空窗（图 4–42 ~ 图 4–44）。

图 4-37 方形（狮子林）

图 4-38　方形（狮子林）

图 4-39　方形（狮子林）

图 4-40　方形（狮子林）

图 4-41　方形（狮子林）

图 4-42 方形（严家花园）
图 4-43 方形（严家花园）
图 4-44 方形（严家花园）

图 4-42
图 4-43 | 图 4-44

木渎古松园，因园内楼厅东侧有一古罗汉松为明代遗物而名。

罗汉松四周楼廊环绕，底层东、北两向遍布方形空窗，虚处生风，更显古松枝叶苍翠，气势恢宏（图 4–45、图 4–46）。

图 4–45　方形（木渎古松园）

图 4–46　方形（木渎古松园）

第二节

多边形符号

1. 六角形

“数”在我国有着悠久的历史和丰富的文化内涵。在各种艺术形式中，“数”的运用非常广泛，往往体现着某种吉祥意义和幸福观念。苏州古典园林中，很多装饰细节是通过“数”传达文化意义，展现美好愿望的。

图 4-48　六角形（狮子林）

“六”在我国古代被认为是阴柔之数。《说文》：“六，易之数阴变于六，正于八，从入从八”。《管子・五行》：“人道以六制”。《周易・乾卦》：“时乘六龙以御天。”六爻，象征占筮范围的包罗万象、广大无限，象征无穷变易的巫术力量。在民间，六与禄通；六与陆通，陆本来与睦通，兼有“厚”意，自古为吉祥字；六六大顺，与路路通同义。

正因为有这样一种宇宙数字观，“六”为历代所尊崇，并有“天子六制”。六角空窗也视为龟背，象征着长寿。

在民间喜用的纹样中，“六合同春”是常见的题材，以鹿代六，以鹤代合，六合即为东西南北天地，六合同春，也就是天下同春，普天同庆。

图 4-47　六角形（狮子林）

狮子林复廊“修竹阁”一面，朝西连开五个六角空窗。漫步于复廊之中，窗外之景如跳动的画面，极具节奏感地映入眼帘。曲廊半亭，水涧石岸，藤蔓纷披，茂林修竹，移步换景，步移景异。（图 4-47 ~ 图 4-53）

图 4-49　六角形（狮子林）
图 4-50　六角形（狮子林）
图 4-51　六角形（狮子林）
图 4-52　六角形（狮子林）
图 4-53　六角形（狮子林）

图 4-49	
图 4-50	图 4-51
图 4-52	图 4-53

留园“石林小院”内“洞天一碧”小屋，三面环墙，正中为一八角空窗，东西则各开一六角空窗，东侧配翠竹，西侧配芭蕉。站在小屋外，八角窗后盘枝错节的藤蔓意态纵生，六角空窗后翠竹挺拔、芭蕉展绿。斑驳碧玉印粉墙，虚实之间，屋侧不起眼的小景，就给苏州古典园林最擅长的“渗透”“层次”做了极好的注解。（图 4–54、图 4–55）

怡园“小沧浪”亭、木渎严家花园中的六角空窗，都框出了山水如画（图 4–56 ~ 图 4–59）。

图 4–54　六角形（留园）
图 4–55　六角形（留园）
图 4–56　六角形（怡园）
图 4–57　六角形（怡园）
图 4–58　六角形（木渎严家花园）
图 4–59　六角形（木渎严家花园）

图 4–54	图 4–55
图 4–56	图 4–57
图 4–58	图 4–59

2．八角形

“八”在中国长久以来都是一个象征吉祥的数字。《说文》：“八，别也，象分别相背之形。”因八与发谐音，所以民间常说“要得发，不离八”。中国古人对世界认识最具代表的图形莫过于八卦。源于本土的道教有百姓熟知的八仙，只见器物不见仙，被称为暗八仙；佛教有八吉祥；常用于织锦的八达晕，有四通八达的吉祥涵义。

苏州古典园林中最具精致美感的当属留园，“八角”形空窗在留园的运用就比较多，“绿荫”轩、西楼下过道、石林小院中都有它的身影，与园中方形空窗、六角空窗、不同花式的花窗等组成了一曲窗的合奏。

留园“绿荫”轩东西侧墙上各开两个八角空窗，但一边是正八角，一边是长八角。无论从哪侧看去，都是窗为景框，景由窗生。西侧正八角空窗边巧设湖石一块，似美人对镜梳妆，又如高士卓然而立。（图 4-60 ~ 图 4-63）

图 4-60　八角形（留园）

图 4-61　八角形（留园）
图 4-62　八角形（留园）
图 4-63　八角形（留园）

图 4-61 | 图 4-62
图 4-63

留园“石林小院”内“洞天一碧”小屋，三面环墙，一面隔扇。正对为一横长八角空窗，窗后湖石峰上藤蔓缠绕，每到阳春三月，串串白色藤花如水晶玲珑剔透，如白玉不饰雕琢（图 4–64）。两侧壁墙上各开一扇六角空窗，窗后或植芭蕉，或栽丛竹。

留园“西楼”下过道、怡园“石舫”北八角空窗，窗外花木扶疏。（图 4–65、图 4–66）

怡园“南雪”亭取意杜甫诗句：“南雪不到地，青崖沾未消。”亭间匾额有跋云：“周草窗云，昔潘庭坚约社友，剧饮于南雪亭梅花下，传为美谈，今艮庐主人新辟怡园建一亭于中，种梅多处，亦颜此二字，意盖续南宋之佳会。而泉石竹树之胜，恐前或未逮也。”园主亦集辛幼安词为联曰：“高会惜分阴，为我弄梅，细写茶经煮香雪；长歌自深酌，请君置酒，醉扶怪石看飞泉。”亭南为一片梅林，早春二月间已是绿萼含苞，红梅初放了。（图 4–67、图 4–68）

网师园“竹外一枝轩”西墙上开横长八角空窗，窗外“松柏满庭生古意，海棠一笑度春风”。（图 4–69、图 4–70）

严家花园八角空窗有横长、直长两种形式。（图 4–71 ~ 图 4–74）

图 4–64　八角形（留园）

图 4–65　八角形（留园）

图 4–66　八角形（怡园）

图 4–64 | 图 4–65 / 图 4–66

图 4-67　八角形（怡园）

图 4-68　八角形（怡园）

图 4-69　八角形（网师园）

图 4-70　八角形（网师园）

图 4-71	
图 4-72	
图 4-73	图 4-74

图 4-71
八角形（严家花园）

图 4-72
八角形（严家花园）

图 4-73
八角形（严家花园）

图 4-74
八角形（严家花园）

3.“亞”形（寓意参见“亞”形洞门）

图 4-75　亞形（东山启园）

“亞”形无芯景窗仅收集到东山启园中一例（图 4-75）。

第三节

植物符号

1. 葫芦形（寓意参见葫芦洞门）

苏州古典园林中葫芦空窗似仅有一例，在怡园“玉延亭”东西侧墙上。葫芦长梗束腰，两两相对，一侧有翠竹相衬。清风掠过，竹叶便成了葫芦身上的天然图画。（图 4–76、图 4–77）

怡园南雪亭东侧墙上葫芦空窗，此墙现已拆除（图 4–78）。

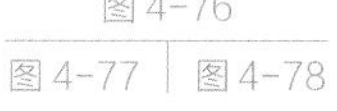

图 4–76
葫芦形（怡园）

图 4–77
葫芦形（怡园）

图 4–78
葫芦形（怡园）

2. 贝叶形（寓意参见贝叶洞门）

叶形空窗因其线条多变，且有尖角，只可于园中偶作点缀（图 4–79 ~ 图 4–81）。

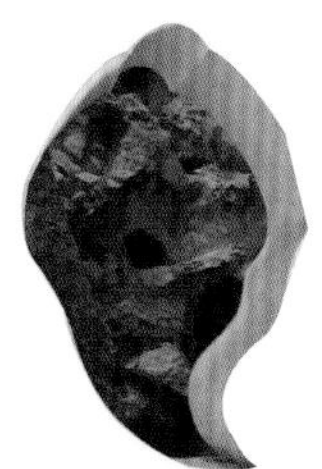

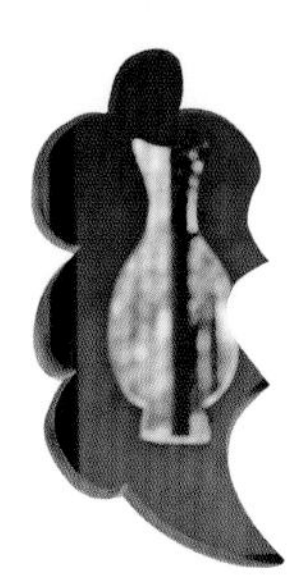

图 4–79　贝叶形（狮子林）
图 4–80　贝叶形（怡园）
图 4–81　贝叶形（怡园）

图 4–79 / 图 4–81 | 图 4–80

3. 菱花形

《园冶》所列空窗，有七角“菱花式”，北半园半廊上的八角菱花，似为别处所未见（图 4–82）。

《史记 · 司马相如传 · 子虚赋》有：“其西则有涌泉清池，激水推移。外发芙蓉蔆华，内隐钜石白沙。”“蔆”，通“菱”，“华”，通“花”。古之铜镜有六角形、八角形，或背雕菱花，叫菱花镜，取其清明如水。故有以菱花为镜鉴之称也，菱花镜亦喻破镜重圆。《太平广记 · 气义 · 杨素》引《本事诗》记载了徐德言与妻乐昌公主破镜重圆的故事。古代女子喜菱花照影，自生怜惜，李白《美人愁镜》诗有：“狂风吹却妾心断，玉筯并堕菱花前”之句。

图 4-82 菱花形（北半园）

4．宝相花形

宝相花又称宝仙花，是以牡丹或莲花为基本图案抽象而成，花开八瓣，喻意“宝”“仙”，盛行于隋唐时期，清代仍常作为玉器等工艺品上的吉祥图案。宝相花作为中国传统装饰纹样的一种，为富贵吉祥之象征。

半园虽小，半廊虽短，廊上空窗却为别处所无。八瓣菱花空窗之外，还有此八瓣宝相花空窗。（图 4-83 ~ 图 4-85）

图 4-83 宝相花形（半园）

图 4-84　宝相花形（半园）

图 4-85　唐金银平脱宝相花铜镜

第四节

器物符号

1．汉瓶形（寓意参见汉瓶洞门）

留园“林泉耆硕之馆”西侧墙上汉瓶空窗，瓶身黑线勾勒，颈部装饰圆环，但整体似不对称，做法略显粗糙（图 4–86）。

图 4-86　汉瓶形（留园）

怡园“南雪”亭三面环墙，正中为一八角空窗，东西两侧，一设贝叶空窗，一开汉瓶空窗，其点缀功能更为突出（图 4-87、图 4-88）。

图 4-87 汉瓶形（怡园）

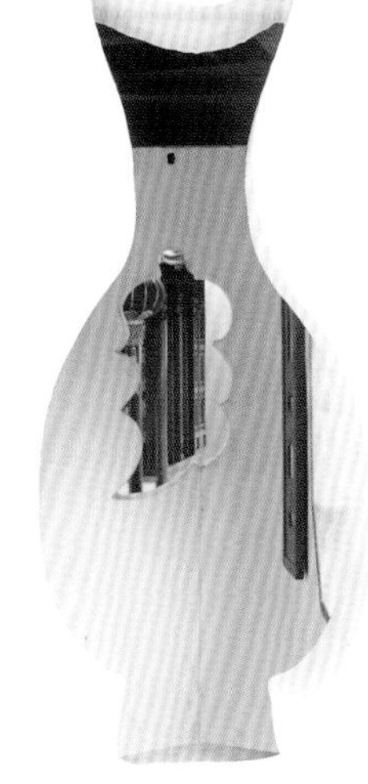

图 4-88 汉瓶形（怡园）

2. 扇形

折扇古称“倭扇”，是公元 7 世纪时日本人模仿蝙蝠的翅膀而发明的，由日僧贡奉给宋王朝，时称“蝙蝠扇”。古波斯和中国都视蝙蝠为吉祥之物：“蝠”与“福”同音兆福；蝙蝠，一名仙鼠，食之神仙，千年鼠化白蝙蝠，是长寿之吉祥物。《韩非子・解老》：“全寿富贵之谓福。”

图 4-89 扇形（拙政园）

拙政园“与谁同坐轩”扇形空窗，前后均有景可对（图 4–89）。于轩内小憩，可赏窗后顶似箬帽的笠亭（图 4–90）。绕至轩外，透过扇框，又有波形水廊、“洞天”圆门映入眼帘。若逢盛夏时节，轩前水面荷叶田田，“与谁同坐，清风明月我”，又是另一番情意（图 4–91）。

退思园扇形空窗隐于小院一角，造型轻灵儒雅（图 4–92、图 4–93）。

图 4–90 扇形（拙政园）

图 4–91 扇形（拙政园）

图 4-92　扇形（退思园）

图 4-93　扇形（退思园）

第五章

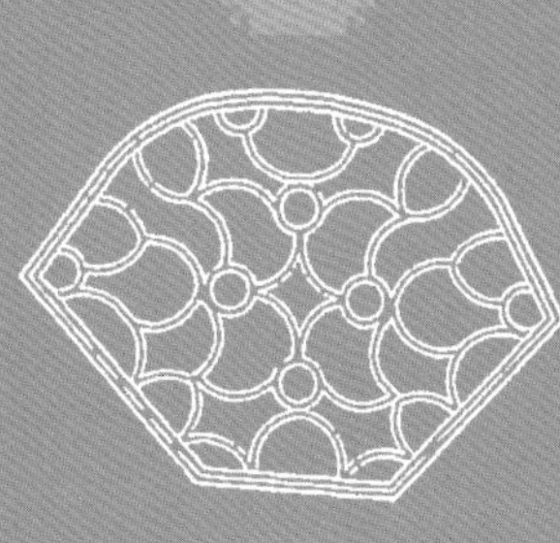

景窗——有芯景窗

苏州古典园林建筑侧墙和走廊上还装饰了形式多样的“有芯景窗”。此类景窗的外形有圆形、方形、六角、八角等几何图形，窗芯多用木质棂条拼成各种图案。常见的芯子有方形、万字纹、回纹、冰裂纹等，窗框周边镶嵌水磨青砖。有芯景窗既美化了墙面、沟通了内外空间，又可框景借景。本章按窗芯图案进行分类，洞门、窗棂章节出现过的纹样寓意不再赘述，请参见前文。

第一节

天地自然符号

1. 方形

留园林泉耆硕之馆为鸳鸯厅，南北装饰差异明显。此窗在北厅，窗框为八边形，仔芯是简单朴素的方形（图 5–1）。怡园“耦香榭”有芯景窗前水仙花暗吐芬芳（图 5–2）。

图 5–1　方形（留园）

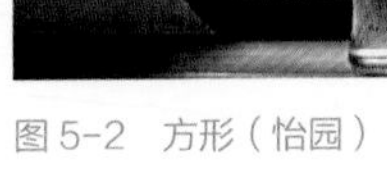

图 5–2　方形（怡园）

2. 套方

北半园八角形砖框景窗，仔芯部分为十字套方（图 5-3）。

图 5-3　套方（北半园）

3. 六角形

网师园“看松读画轩”东景窗，仔芯部分为六角形，窗后湖石磊磊（图 5-4）。

图 5-4　六角形（网师园）

4. 卍字纹

以“卍”字连续反复组成的四方连续图案，有单用，有卍字相连；卍字联结的称为卍字流水、卍字不到头或卍不断，表示连绵长久、永无尽头的吉祥意义。《营造法式》称：“曲水万字，如水网河道，四通八达，寓吉祥富贵，绵长不断，民间称它‘路路通’”。（图 5-5 ~ 图 5-9）

图 5-5　卍字纹（拙政园）
图 5-6　卍字纹（拙政园）
图 5-7　卍字纹（拙政园）
图 5-8　卍字纹（怡园）
图 5-9　卍字纹（留园）

图 5-5 | 图 5-6
图 5-7
图 5-8 | 图 5-9

留园“冠云楼”景窗为六角砖框，仔芯部分是冰纹嵌万字纹，寓意吉祥，格调高雅（图5 10）。

图5-10 卍字纹（留园）

耦园“无俗韵轩”景窗边框为方形，仔芯部分为卍字纹（图5-11、图5-12）。

苏州园林有芯景窗中各种卍字纹造形（图5-13～图5-18）。

图5-11 卍字纹（耦园）

图 5-12　卍字纹（耦园）
图 5-13　卍字纹（艺圃）
图 5-14　卍字纹（艺圃）
图 5-15　卍字纹（艺圃）
图 5-16　卍字纹（严家花园）
图 5-17　卍字纹（耦园）
图 5-18　卍字纹（退思园）

图 5-12 | 图 5-13
图 5-14 | 图 5-15 | 图 5-16
图 5-17 | 图 5-18

5．冰裂纹

冰裂纹，亦称冰纹，形状犹如冰裂后的纹路，极为优雅别致。《园冶·装折图式》专列“冰裂式”：“冰裂惟风窗之最宜者，其文致减雅，信画如意，可以上疏下密之妙。”

冰裂纹因有冰清玉洁、晶莹剔透的美好寓意，常常用在园林中雅致幽静的地方，与周围环境相映衬，是园主高洁人格的自我写照。南朝诗人鲍照，曾写诗直陈自己的品格是“直如朱丝绳，清如玉壶冰”。唐王昌龄用“洛阳亲友如相问，一片冰心在玉壶”，来表明自己人格的清白。唐姚元崇《冰壶诫序》曰：“冰壶者，清洁之至也，君子对之，不忘乎清，夫洞澈无瑕，澄空见底，当官明白者有类是乎！故内怀冰清，外涵玉润，此君子冰壶之德也。”

冰裂纹还常常和六角雪花结合成冰雪图案，也是园林窗格常见造型。雪花呈六角形，唐高骈《对雪》有：“六出飞花入户时，坐看青竹变琼枝”，“六出飞花”即指六角形的雪花。冰裂纹、冰雪纹源于自然形态，在苏州园林装饰中成为园主人格比况的意象。南朝陈江总《再游栖霞寺言志》有：“静心抱冰雪，暮齿通桑榆”之句，即取美冰雪的洁白纯净。（图 5-19 ~ 图 5-29）

退思园位于苏州吴江同里镇，以“贴水园”闻名于世。登园中“揽胜阁”，凭栏远眺，可将园景尽收眼底。此处景窗两边为冰纹，中间为十字如意纹。（图 5-30）

图 5-19　冰裂纹（沧浪亭）

图 5-20　冰裂纹（沧浪亭）

图5-21　冰裂纹（沧浪亭）

图 5-22　冰裂纹（沧浪亭）

图 5-23　冰裂纹（网师园）

图 5-24　冰裂纹（网师园）

图 5-25　冰裂纹（留园）

图 5-26　冰裂纹（五峰园）

图 5-27　冰裂纹（常熟燕园）

图 5-23	
图 5-24	图 5-25
图 5-26	图 5-27

图 5-28

图 5-29

图 5-30

图 5-28
冰裂纹（怡园）

图 5-29
冰裂纹（退思园）

图 5-30
冰裂纹（退思园）

耦园有芯景窗仔芯冰裂纹中嵌扇形（图 5-31）。虎丘有芯景窗仔芯冰裂纹中嵌卍字纹（5-32）。

苏州园林“有芯窗”以留园“鹤所”处最为雅致可人。窗芯四周以纤细虚灵的线条串起压胜钱、夔纹，中间横排或三扇或四扇的竖条窗棂，窗棂之间以盘长连接。窗棂仔芯为冰裂纹，上、中、下又嵌以镂空花纹的“堂板”。（图 5-33、图 5-34）

6. 冰梅纹

梅花与冰纹结合形成冰梅图案，寓意寒梅傲放冰雪之中，给人晶莹高洁之感，造成冷艳幽香的境界。同时还可让人联想朱熹“读书之乐何处寻？数点梅花天地心”的意境。（图 5-35 ~ 图 5-37）

图 5-31　冰裂纹嵌扇（耦园）

图 5-32　冰裂纹嵌卍字纹（虎丘）

图 5-33　冰裂纹（留园）

图 5-34　冰裂纹（留园）

图 5-35
冰梅纹（留园）

图 5-36
冰梅纹（留园）

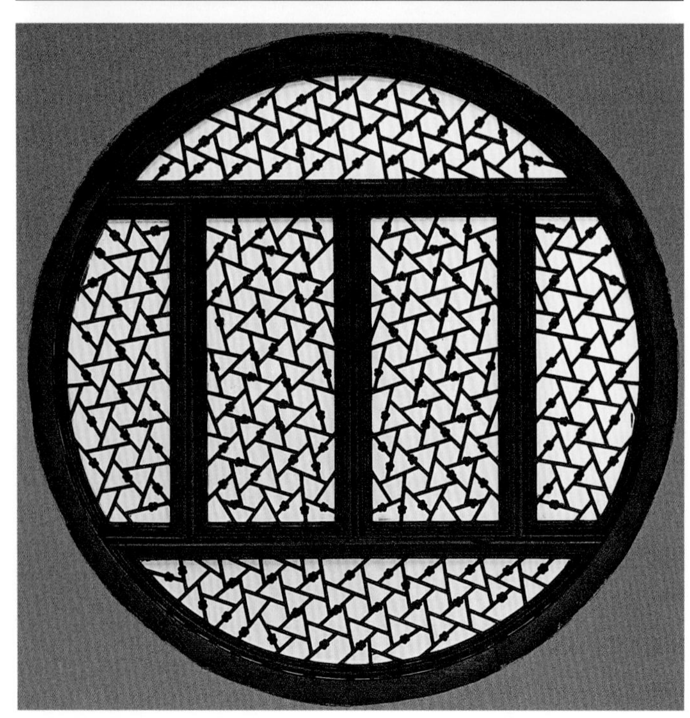
图 5-37
冰梅纹（忠王府）

第二节

动植物符号

网师园、狮子林几处有芯景窗，方形、八角形砖框中的仔芯部分四周装饰夔龙纹，中间嵌方形或八角形（图 5-38 ~ 图 5-43）。退思园八角景窗，仔芯嵌夔龙纹、冰裂纹（图 5-44）。

1. 夔龙纹（寓意参见窗棂部分）

图 5-38 夔龙纹（网师园）

图 5-39 夔龙纹（网师园）

图 5-40　夔龙纹（网师园）　　图 5-41　夔龙纹（狮子林）
图 5-42　夔龙纹（狮子林）　　图 5-43　夔纹变形（狮子林）
图 5-44　八角窗框嵌夔纹、冰纹（退思园）

图 5-40	图 5-41
图 5-42	图 5-43

图 5-44

留园“还我读书处”、木渎严家花园“闻木樨香”窗框四角饰夔龙纹，四边以线条串连压胜钱（图 5-45、图 5-46）。

图 5-45 夔龙纹、压胜钱（留园）

图 5-46 夔龙纹、压胜钱（严家花园）

图 5-47　夔龙纹（留园）

图 5-48　夔龙纹（留园）

留园“林泉耆硕之馆”为鸳鸯厅结构，南北装饰差异明显。此窗在南厅，仔芯华丽精致。窗芯分上下两排，每排又分三列，均以夔纹为主，镶嵌折枝花饰。与南厅整体尊贵气派的装饰相呼应。（图 5-48）

图 5-49 | 图 5-50
图 5-51

图 5-49
夔龙纹（耦园）

图 5-50
夔龙纹（耦园）

图 5-51
夔龙纹（耦园）

耦园“山水间”有芯景窗外形简单，仔芯纹饰繁复精致。以夔龙纹为主，镶嵌了六种形态各异的纹样。分别是：以云纹衬托的蝠衔双钱（意即“福在眼前”“福禄双全”）、凤纹、折枝花、环链纹、压胜钱（图 5-52～图 5-54）。

耦园长廊景窗以夔龙纹为主，一扇中心嵌十字海棠，两边以线条串压胜钱。（图 5-55）另一扇也以夔龙纹为主，中心嵌宝瓶形图案（图 5-56）。

图 5-52 | 图 5-53
图 5-54

图 5-52
夔龙纹（耦园）

图 5-53
蝙蝠嘴衔双钱，尾部衬以云纹（耦园）

图 5-54
凤纹、折枝花、压胜钱（耦园）

图5-55　夔龙纹（耦园）

图 5-56　夔龙纹嵌宝瓶（耦园）

图 5-57　夔龙纹（拙政园）

拙政园“秫香馆”景窗以方框为中心，向外分三层，装饰不同纹样。第一层为夔龙纹，第二层为蝶纹，第三层为藤蔓纹。（图 5-57）

木渎严家花园、环秀山庄、沧浪亭、东山启园不同建筑上的有芯景窗，四周环绕夔龙纹，中间嵌菱形或方形。（图 5-58~ 图 5-61）

图 5-58	图 5-59
图 5-60	图 5-61

图 5-58
夔龙纹
（严家花园）

图 5-59
夔龙纹
（环秀山庄）

图 5-60
夔龙纹（沧浪亭）

图 5-61
夔龙纹
（东山启园）

2．十字海棠纹（寓意参见窗棂部分）

苏州园林有芯景窗中的各种十字海棠纹，在对称中蕴含韵律之美。（图 5-62~图 5-65）

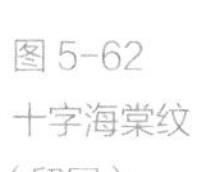

图 5-62 十字海棠纹（留园）

图 5-63 十字海棠纹（沧浪亭）

图 5-64 海棠嵌方（环秀山庄）

图 5-65 十字海棠纹（耦园）

3．八角菱花（寓意参见无芯景窗部分）

狮子林两处八角菱花有芯景窗嵌彩色玻璃，阳光穿过，一片梦幻朦胧之感（图 5-66、图 5-67）。

图 5-66 八角菱花（狮子林）

图 5-67 八角菱花（狮子林）

第三节

器物符号

1. 汉瓶

退思园“琴室”汉瓶景窗，线条简洁，造型古雅（图 5-68）。东山雕花大楼“牧心斋”汉瓶景窗，嵌彩色玻璃，四周装饰蔓草纹，兼具西洋风格（图 5-69）。

图 5-68 汉瓶（退思园）

图 5-69 汉瓶（东山雕花大楼）

2. 书条式

书条式是一种以竖形隔心为主的简单隔扇图案。园林主人多为文人士大夫，以读书为乐，故模仿古代书籍的页面条纹做书条式窗格。

拙政园“听雨轩”景窗以书条纹为主，四周分别装饰了蔓草、回纹和连胜（图 5-70）。整体格调清新雅致，寓意美好。

图5-70 书条式（拙政园）

3．步步锦（寓意参见窗棂部分）

沧浪亭“玲珑馆”有芯景窗装饰步步锦纹样，窗前兰吐芬芳，窗后翠竹摇曳，自成一幅素雅图画（图 5-71）。

图5-71 步步锦（沧浪亭）

4. 环链式

环链式景窗常见于清代家具、门窗、器物装饰，其纹样无始无终，连续不断，寓意吉祥美好（图 5-72）。

图 5-72 环链式（网师园）

图 5-73 为清宫旧藏竹雕执壶，肩部配活环链式提梁。

图 5-73 竹雕饕餮纹活环提梁执壶（清宫旧藏）

第六章

洞门 景窗制作工艺

苏州古典园林常在庭园、走廊的墙垣上开辟门宕：不装门户者，旧时称地穴或门洞，现叫洞门；在墙垣上开辟空宕，不装窗户者，旧时称月洞或窗洞，现叫空窗。《园冶》中认为门洞、窗洞不但具有采光、通风的基本功能，还可以使空间隔而不断，产生内外交流的渗透性。江南的能工巧匠经过代代传承，逐渐积累了一整套的门洞、窗洞制作工艺。门洞、窗洞的式样也在实践中不断推陈出新，力求突出个性，常见的有方、圆、汉瓶、海棠、八角、葫芦、贝叶等诸式。

《营造法原》是记载苏州“香山帮”传统建筑做法的专著，书中总结了门洞、窗洞的制作方法：“量墙厚薄，镶以清水磨砖，边出墙面寸许，边缘起线宜简单，旁墙粉白，雅致可观。”南方房屋做清水用的砖料，要经过刨光、雕刻、打磨，遇到空隙处用油灰填补，随填随磨等工序。用此法制做出的做细清水砖，表面光滑、色泽均匀、楞角整齐、经久不变。门洞、窗洞周边镶嵌清水磨砖，称为砖细门洞、窗洞。

苏州园林中的门洞以长方形最为常见（图 6–1），窗洞则多为扁方形（图 6–2），其他如圆形、八角（图 6–3）、六角、海棠、葫芦等不是方形的，统称异形门窗洞。异形门窗洞又可分为直线型和曲线型。直线型为八角、六角等多边形，构造与做法均与方形相同。曲线型形式多变，门洞中以圆形为多。

图 6–1　砖细长方形门洞（网师园）

图 6–2　砖细扁方形窗洞（拙政园）

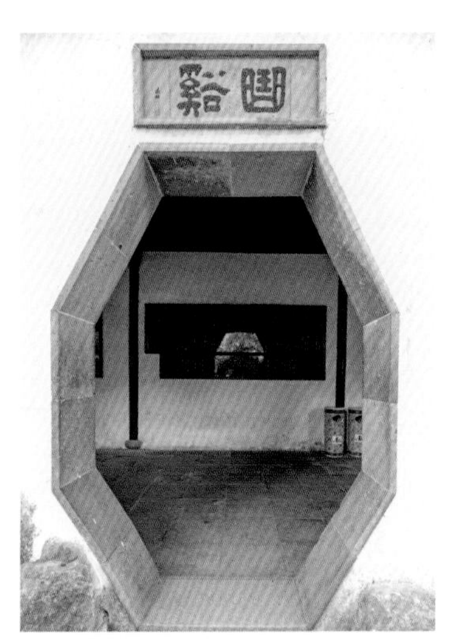

图 6–3　砖细八角形门洞（留园）

第一节

月洞门式样

地穴（月圆）

圆形洞门所用砖料，因带有弧度，须由厚5厘米以上的砖料，才能做出，砖料进深尺寸为墙厚加出口（出口一般凸出粉刷面寸许）。圆形洞门制作的主要工序：先放大样，分块，出单块大样，开料加工，线脚制作，切缝合角，试拼装，安装，补磨。

全圆形洞门有全圆与脚头带地栿两种形式（图6-4、图6-5）。[①]

1．元宝石式

全圆门洞底部用元宝石，元宝石水平长度一般为80厘米。元宝石看面设线脚，进深尺寸同砖料，线脚底部距离地面约5厘米。全圆洞门用料数量为单，将全圆周长扣除元宝石后，平均分派。

2．脚头带地栿石式月圆地穴

地栿，或做地复，用于墙门，铺于垛头扇堂间下槛下之石条。

脚头带地栿门洞，两脚头之间水平距离为100～120厘米。地栿石进深尺寸于门洞砖料进深尺寸相同，长度超出回纹脚头外5厘米。砖料分块同样为单数，两种门洞做法均相同。（图6-4～图6-7）

① 见《图解〈营造法原〉做法》，侯洪德、侯肖琪著，中国建筑工业出版社，2014年，第309页。

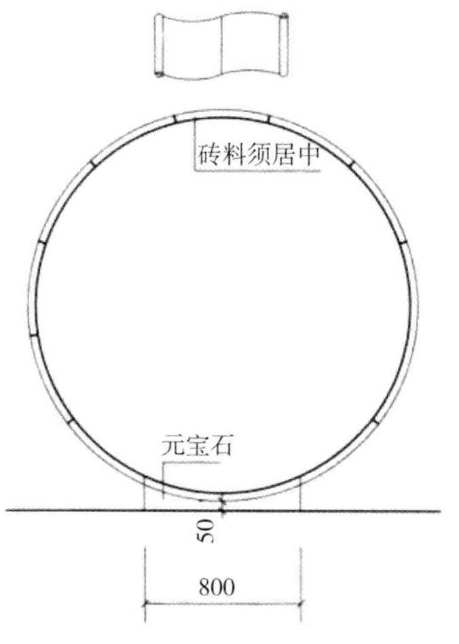

图6-4 全圆门洞

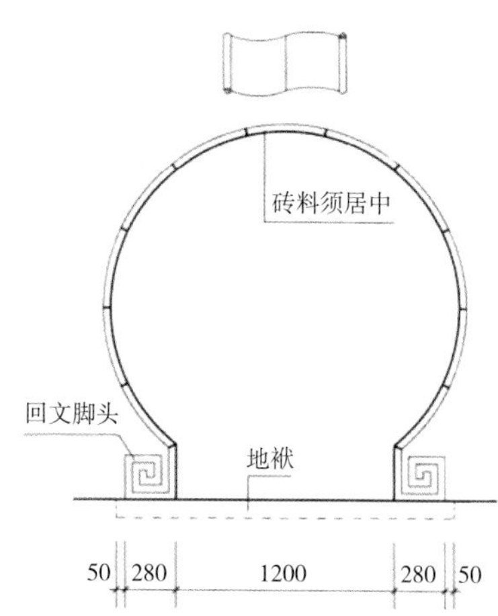

图6-5 带脚头门洞

图6-6 “折矩”全圆元宝石门洞（沧浪亭）

图 6-7 回纹脚头带地栿式门洞（虎丘拥翠山庄）

第二节

宫式茶壶档

长方形门洞，其三边镶以砖细，上方称为顶板，两侧为侧壁，下方一般为石条。石条宽度同侧壁，长度同顶板，与地面相平，称为地栿。安装时，顶板与侧壁须挑出墙外各约 1 寸（图 6–8）。[①]

宫式茶壶档门洞是长方形门洞中较常见的一种形式，顶板一般由 3 块或 5 块砖料组成。档口高低一块砖料，侧板需等分。宫式茶壶档地穴经选料、开料、砖料划线、盖柱加工、线脚制作、割角、顶板拼装、安装、补磨等工序制作而成。安装前在锁口或地栿石上画出侧板位置线，两侧板需平行兜方，和锁口或地栿石边线垂直，线脚拼接流畅，灰缝宽小于 0.2 厘米。（图 6–9）

① 见《图解〈营造法原〉做法》，侯洪德、侯肖琪著，中国建筑工业出版社，2014 年，第 306 页。

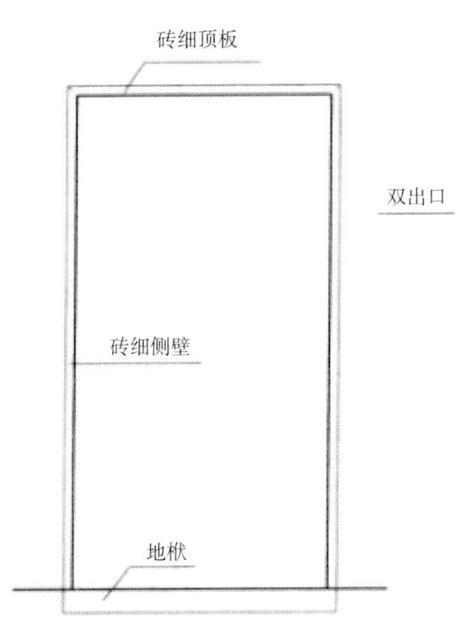

图 6-8 砖细门洞（无门）立面

图 6-9 宫式茶壶档门洞（虎丘拥翠山庄）

第三节

墙垣窗景

《营造法原》："墙垣上开有空宕，而不装窗户者，谓之月洞……凡门户框宕，满嵌做细清水砖者，则称门景。"园林院墙上开设空宕，四周满嵌细砖，若不装窗，则为月洞，即空窗。若装窗，则为砖框花窗，也可视为景窗。

窗洞按出口分有单出口、双出口。空窗装于墙之中线处，顶板与侧壁须两面挑出墙外各约 1 寸，称为双出口。若窗洞内装窗，且于墙边安装，窗一边无须挑出，称为单出口。

月洞有汉瓶、贝叶、葫芦、椭圆、海棠、莲瓣，门窗景有八角、六角等式。工艺流程及制作要求和地穴基本相似。

图 6-10　八角砖细月洞窗景（留园）

图 6-11　扁方砖细窗景（网师园）

后记

苏州园林为什么会成为中华的文化经典？我们策划这套由七部著作组成的系列，就是企图从宏观和微观两个维度来解答这个问题。宏观是从全局的视角揭示苏州园林艺术本质及其艺术规律；微观则通过具体真实的局部来展示其文化艺术价值，微观是宏观研究的基础，而宏观研究是微观研究的理论升华。

《听香深处——魅力》就是从全局的视角，探讨和揭示苏州园林永恒魅力的生命密码；日本现代著名诗人、作家室生犀星曾称日本的园林是“纯日本美的最高表现”，我们更可以说，中国园林文化的精萃——苏州园林是“纯中国美的最高表现”！

本系列的其他六部书分别从微观角度展示苏州园林的文化艺术价值：

《景境构成——品题》，通过解读苏州园林的品题（匾额、砖刻、对联）及品题的书法真迹，使人们感受苏州园林深厚的文化底蕴，苏州园林不啻一部图文并茂的文学和书法读本，要认真地“读”。《含情多致——门窗》《吟花席地——铺地》《透风漏月——花窗》《凝固诗画——塑雕》和《木上风华——木雕》五书，则具体解读了触目皆琳琅的园林建筑小品：千姿百态的门窗式样、赏心悦目的铺地图纹、目不暇接的花窗造型、异彩纷呈的脊塑墙饰、精美绝伦的地罩雕梁……

我与研究生们及青年教师向净一起，经过数年的资料收集，包括实地拍摄、考索，走遍了苏州开放园林的每个角落，将上述这些默默美丽着的园林小品采集汇总，又花了数年时间，进行分类、解读，并记述了香山工匠制作这些园林小品的具体工艺，终于将这些无言之美的“花朵”采撷成册。

分类采集图案固然艰辛，但对图案的文化寓意解读尤其不易。我们努力汲取学术界最新研究成果，希望站在巨人肩头往上攀登，力图反本溯源，写出新意，寓知识于赏心悦目之中。尽管一路付出了艰辛的劳动，但距离目标还相当遥远！许多图案没有现成的研究成果可资参考，能工巧匠大多为师徒式的耳口相传，对耳熟能详的图案样式蕴含的文化寓意大多不知其里，当代施工或照搬图纹，或随机组合。有的图纹十分抽象写意，甚至理想化，仅为一种形式美构图。因此，识别、解读图纹的文化寓意，更为困难。为此，我们走访请教了苏州市园林和绿化管理局、香山帮的专业技术人员，受到不少启发。

今天，在《苏州园林园境》系列出版之际，我们对提供过帮助的苏州市园林和绿化管理局的总工程师詹永伟、香山古建公司的高级工程师李金明、苏州园林设计院贺凤春院长、王国荣先生等表示诚挚的谢意！还要特别感谢涂小马副教授，他是这套书的编外作者。无私地提供了许多精美的摄影作品，为《苏州园林园境》系列增添了靓丽色彩！

感谢中国电力出版社梁瑶主任和曹巍编辑对传统文化的一片赤诚之心和出版过程中的辛勤付出！

虽然我们为写作《苏州园林园境》系列做了许多努力，但在将园境系列丛书奉献给读者的同时，我们的心里依然惴惴不安，姑且抛砖引玉，求其友声了！

最后，我想借法国一条通向阿尔卑斯山的美丽小路旁的标语牌提醒苏州园林爱好者们："慢慢走，欣赏啊！"美学家朱光潜先生曾以之为题，写了"人生的艺术化"一文，先生这样写道：

> 许多人在这车如流水马如龙的世界过活，恰如在阿尔卑斯山谷中乘汽车兜风，匆匆忙忙地急驰而过，无暇一回首流连风景，于是这丰富华丽的世界便成为一个了无生趣的囚牢。这是一件多么可惋惜的事啊！

人生的艺术化就是人生的情趣化！朋友们：慢慢走，欣赏啊！

曹林娣

辛丑桐月改定于苏州南林苑寓所

参考文献

计成．陈植，注释．园冶注释．北京：中国建筑工业出版社，1988.
（清）李渔．闲情偶寄［M］．北京：作家出版社，1996.
刘敦桢．苏州古典园林．北京：中国建筑工业出版社，2005.
郭廉夫，丁涛，诸葛铠．中国纹样辞典．天津：天津教育出版社，1998.
梁思成．中国雕塑史．天津：百花文艺出版社，1998.
沈从文．中国古代服饰研究．上海：上海世纪出版集团上海书店出版社，2002.
陈兆复，邢琏．原始艺术史．上海：上海人民出版社，1998.
王抗生，蓝先琳．中国吉祥图典．沈阳：辽宁科学技术出版社，2004.
中国建筑中心建筑历史研究所．中国江南古建筑装修装饰图典．北京：中国工人出版社，1994.
苏州民族建筑学会．苏州古典园林营造录．北京：中国建筑工业出版社，2003.
丛惠珠，丛玲，丛鹂．中国吉祥图案释义．北京：华夏出版社，2001.
李振宇，包小枫．中国古典建筑装饰图案选．上海：同济大学出版社，1992.
曹林娣．中国园林艺术论．太原：山西教育出版社，2001.
曹林娣．中国园林文化．北京：中国建筑工业出版社，2005.
曹林娣．静读园林．北京：北京大学出版社，2005.
崔晋余．苏州香山帮建筑．北京：中国建筑工业出版社，2004.
张澄国，胡韵荪．苏州民间手工艺术．苏州：古吴轩出版社，2006.
张道一，唐家路．中国传统木雕．南京：江苏美术出版社，2006.
［美］W·爱伯哈德．中国文化象征词典［M］．陈建宪，译．长沙：湖南文艺出版社，1990.
吕胜中．意匠文字．北京：中国青年出版社，2000.
［古希腊］亚里士多德．范畴篇·解释篇［M］．聂敏里，译．北京：生活·读书·新知三联书店，1957.
［英］马林诺夫斯基．文化论［M］．费孝通，译．北京：中国民间文艺出版社，1987.
李砚祖．装饰之道．北京：中国人民大学出版社，1993.
王希杰．修辞学通论．南京：南京大学出版社，1996.